基于多视场星敏感器的航天器姿态确定

Spacecraft Attitude Determination for Multiple Fields of View Star Sensors

张力军　孙　冲　路　毅　齐莹莹　编著

国防工業出版社
·北京·

内 容 简 介

本书以新型多视场星敏感器为研究背景，系统阐述了星图模拟与拖尾星图复原技术、星图识别方法、双视场星敏感器总体方案及定姿软件设计、基于矢量观测的姿态确定性方法以及基于状态估计的航天器姿态确定方法。本书理论性和系统性强，采用数学推导与仿真实验相结合的思路，初步解决了基于多视场星敏感器的航天器姿态确定中若干关键问题，具有很强的实用性。

本书适用于从事航天器姿态确定和控制系统设计与仿真的科研人员，同时也可作为高等院校相关专业研究生和科研学者的参考书。

图书在版编目（CIP）数据

基于多视场星敏感器的航天器姿态确定 / 张力军等编著. 一北京：国防工业出版社，2024.4

ISBN 978-7-118-13242-7

Ⅰ. ①基… Ⅱ. ①张… Ⅲ. ①航天器一姿态飞行控制一敏感器件 Ⅳ. ①V448.22

中国国家版本馆 CIP 数据核字（2024）第 067003 号

※

国防工业出版社出版发行

（北京市海淀区紫竹院南路 23 号　邮政编码 100048）

天津嘉恒印务有限公司印刷

新华书店经售

*

开本 710×1000　1/16　印张 9½　字数 200 千字

2024 年 4 月第 1 版第 1 次印刷　印数 1—2000 册　定价 58.00 元

国防书店：(010) 88540777　　书店传真：(010) 88540776

发行业务：(010) 88540717　　发行传真：(010) 88540762

前 言

星敏感器作为目前精度最高的姿态测量器件在航天任务中得到了广泛应用，无论是地球轨道卫星还是深空探测器，大型空间平台还是小型卫星，高精度的姿态确定系统几乎都采用了星敏感器。本书以一种新型的多视场星敏感器为研究对象，对基于多视场星敏感器的航天器姿态确定方法进行研究。

近年来，在国家自然科学基金、航天科技创新基金、中国科协青年人才托举工程项目等支持下，我们围绕基于多视场星敏感器的星图识别、姿态确定技术与应用做了大量研究工作，本书是根据作者在科研与实际工作中的积累而撰写完成的，书中大部分内容取自作者公开发表的学术论文、有关技术报告和学位论文。全书共分6章。第1章为概论，主要介绍多视场星敏感器的发展现状及星图识别、姿态确定关键技术进展；第2章研究了星图模拟与拖尾星图复原技术；第3章研究了星图识别方法；第4章设计了双视场星敏感器总体方案及定姿软件；第5章系统地研究了几种典型的基于矢量观测的姿态确定性方法；第6章论述了基于状态估计的航天器姿态确定方法。

本书内容紧密结合工程技术专业，采用数学推导与仿真实验相结合的思路，保证了数学模型和算法的正确性，系统论述了基于多视场星敏感器的航天器姿态确定中若干关键问题，具有很强的实际应用背景。本书可作为高等院校航空航天、电子信息等专业研究生和科研学者的教学参考书，也可以供从事航空宇航科学与技术、控制科学与工程领域的工程技术人员和研究人员学习参考。

本书在编写过程中得到了中国西安卫星测控中心和国防科技大学各级领导的支持和专家的推荐，在此表示衷心感谢。

由于作者理论和学术水平有限，书中难免有不足或错误之处，恳请读者批评和指正。

作 者

2023 年 8 月于西安

目　录

第 1 章 绪 论

1.1 背景和意义

航天器姿态确定是对航天器进行控制的前提和基础。姿态确定的主要任务是确定航天器相对于某参考基准的方位或指向，进而获取航天器的姿态角和姿态角速度信息，其精度主要取决于姿态敏感器和姿态确定算法的精度。

面向高精度姿态确定的任务需求，星敏感器通常是必备的姿态确定设备，而星敏感器/陀螺组合测量更是成为了现代航天器普遍采用的敏感器配置模式。然而，传统星敏感器的星光来自单一视场，由于视场角比较小，导致姿态解算时滚转轴的精度低于俯仰和偏航精度 1~2 个数量级，而几个普通敏感器正交安装时，相互间的位置和方向精度又难以保证，给安装和调试带来诸多问题。因此，有必要开展多视场星敏感器的研究与关键技术攻关。

相比于传统的单视场星敏感器，多视场星敏感器通过在透镜系统前安装分束镜，从而将视场偏转为几个正交方向，可以在一个焦平面上对几个子视场内的观测星成像，使观测星的空间分布达到最优(近似正交)。从结构上来讲，多视场星敏感器在安装和调试上要优于两个或三个普通星敏感器正交组合使用；从利用率上来讲，多视场星敏感器采用同一块电路处理元件，不需要额外的光学预处理技术，充分利用了探测器的像面资源，降低了功耗和体积；从算法实现角度来讲，并没有本质地增加算法的难度，仅是在星图预处理时增加了视场识别算法；从冗余性和鲁棒性来看，当其中一个子视场不能正常工作时(由于太阳、月亮、地球的遮挡)，多视场星敏感器仍能利用其他子视场内的成像星图输出航天器的姿态信息。另外，多视场星敏感器星光来自几个正交视场，这样星敏感器的精度自然是几个视场精度的组合，可以实现三轴同样高精度的姿态测量。

1.2 相关领域的研究现状

1.2.1 多视场星敏感器的发展及现状

星敏感器在近半个世纪的发展历程中，主要经历了三个阶段：基于析像管的星敏感器、第一代CCD(Charge Coupled Device)星敏感器和第二代CCD星敏感器。其中，第二代CCD星敏感器真正实现了“星光入，姿态出”的姿态确定功能[1]，是一种高度智能化的姿态敏感器，其显著特点是视场大、导航星表小、可以直接输出姿态角，无需任何先验姿态信息就能实现星图的自主识别。从结构上看，它主要由光学系统和信息处理系统两部分组成，其中，光学系统主要包括透镜、遮光罩、图像传感器以及控制逻辑单元；信息处理系统又分为硬件和软件两部分，前者主要包括图像预处理器、A/D转换器、微处理器和大容量存储器，后者主要包括星图预处理算法(如星图降噪、质心提取算法)、星图识别算法和姿态确定算法等。

星敏感器的性能主要依赖于探测元件灵敏度、视场(Field of View，FOV)大小、星图质心(Star Centroiding)提取的精度、星等探测门限(Magnitude Threshold)、视场内可观测星数量、主星表(Master Catalog)的大小与精度以及星敏感器的标定误差等[2]。其中，视场的大小一直是关注的焦点，一般来说，在同等星等探测门限情况下，宽视场内可观测的恒星数量增多，可提高星图识别的概率，但在CCD或CMOS APS(Active Pixel Sensor)像元数一定的情况下，窄视场星敏感器的单个像元的分辨率更高。另外，从姿态解算角度来看，观测矢量的空间分布越开，三轴姿态解算精度越高，而目前广泛应用的固定探头式(Fixed Head)星敏感器所能提供的星角距不会大于它的视场大小。因此，很有必要另辟蹊径发展新型的星敏感器，既能扩大视场又不降低姿态估计精度，于是多视场星敏感器应运而生。

目前，多视场星敏感器有两种实现方式：第一种实现方式是利用光学反射系统实现一个焦平面同时对多个子视场内的观测星成像，如空间动力学实验室(Space Dynamics Lab)资助研究的StarNav II和StarNav III，现已被Broad Reach Engineering公司商业化生产出KhalStar星敏感器(图1.1)；第二种实现方式是将光学探头(Optical Head，OH)与数据处理单元(Electronic Unit，EU)看成两个独立的部件，在一个星敏感器上安装多个光学探头(包括焦平面阵列)，而只共用一个数据处理单元，如美国Space Micro公司研制的SM-MDE1300(图1.2)、法国EADS Sodern公司研制的HYDRA星敏感器(图1.3)。

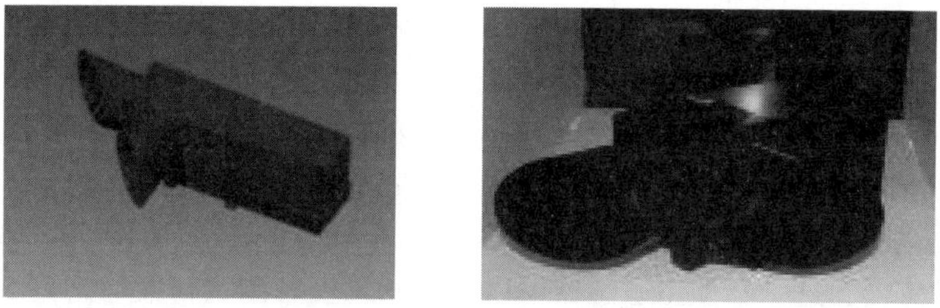

图 1.1　Broad Reach Engineering 公司研制的 KhalStar 星敏感器

（a）MDE1300整体架构图　　（b）MDE1300光学系统以及FPA结构图

图 1.2　美国 Space Micro 公司研制的 SM-MDE1300 星敏感器

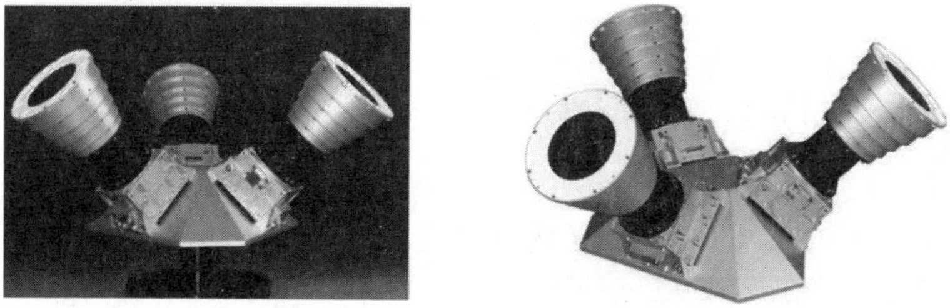

图 1.3　法国 EADS Sodern 公司研制的 HYDRA 星敏感器

从设计思想来看，第二种实现方式仍然是将各视场观测的星像点成像在不同的焦平面阵列上，虽相比多个星敏感器正交安装节省了两块 EU，从结构的紧凑性以及像面资源利用率来看，第一种实现方式更优，不过同时也带来了复杂的光学系统设计以及分束镜加工等问题，本书参考第一种实现方式进行多视场星敏感器的设计，下面详细介绍上述三种多视场星敏感器的主要技术参数。

1. KhalStar 星敏感器

1997 年，美国德克萨斯大学(Texas A&M University)航天科技中心联合意大利罗马大学(University of Rome“La Sapienza”)参与了 DIGISTAR 工程，着手研制新型的多视场星敏感器以用于下一代小型低成本的航天器。此后，Junkins 和 Mortari 等提出了多视场星敏感器的概念设计方案(DIGISTAR II 和 DIGISTAR III，后又称作 StarNav II 和 StarNav III)并开展了相关技术研究[3-7]，于 2001 年申请了国防专利[8]，现已被 Broad Reach Engineering 公司商业化生产出 KhalStar 星敏感器，这一新型星敏感器可以实现三轴姿态测量精度均达到 5″，相关技术参数见表 1.1。

表 1.1　KhalStar 星敏感器技术参数

技术指标	性能参数	其他描述
三轴姿态精度(有陀螺)	2″	更新频率达 100Hz
三轴姿态精度(无陀螺)	5″	更新频率达 10Hz
功耗(100Hz)	13W	输入电压 28V
功耗(10Hz)	5W	输入电压 28V
质量	<3.0kg	
大小	28.7×17.8×47.2cm^3	
图像传感器	512×512APS	
初始姿态捕获时间	1s	无先验姿态信息
星等门限	5.5	
视场大小	8°×8°	

2. SM-MDE1300 星敏感器

SM-MDE1300 星敏感器由美国 Space Micro 公司研制，主要技术参数见表 1.2。

表 1.2　SM-MDE1300 星敏感器技术参数

技术指标	性能参数	其他描述
三轴姿态精度	1″~10″	
数据更新频率	0.5~10Hz	
功耗	7.5W	输入电压 28V，产生 3.3V、5V、±12V 的电压供给 PCI-104
质量	1.85kg	
大小	17.8×17.8×18.3cm^3	
图像传感器	1024×1024CMOS APS	
初始姿态捕获时间	<6s	无先验姿态信息

续表

技术指标	性能参数	其他描述
星等门限	7.0	
导航星表	10000 颗星	
视场大小	3 个 4.5°×4.5°	
数据 I/O 接口	RS 422 或者 1553B	
设计寿命	5~15 年	

3. HYDRA 星敏感器

HYDRA 星敏感器由法国 EADS Sodern 公司研制[9-16]，在 2005 年获得 Aviation Week& Space Technology Award，2010 年通过了工程认证，目前已被洛克希德·马丁公司选中参与 NASA 支持的 GOES-R 任务，首次飞行试验是在 GLONASS 任务中作为搭载设备，相关技术参数见表 1.3。

表 1.3 HYDRA 星敏感器技术参数

技术指标	性能参数	其他描述
三轴姿态精度	3″~5″	
数据更新频率	1~30Hz	
功耗	8W	输入电压 28V，产生 3.3V、5V、±12V 的电压供给 PCI-104
质量	每个光学探头(OH)1kg 一个处理单元(EU)1.2kg	
大小	1 个 OH：$13\times13\times22.5cm^3$ 1 个 EU：$14.5\times16\times10cm^3$	
图像传感器	Cypress 公司研制的 1024×1024CMOS APS	
初始姿态捕获时间	1s	无先验姿态信息
数据 I/O 接口	RS 422 或者 1553B	
设计寿命	LEO 10 年 GEO 18 年	
工作温度	-30~+60℃	

目前，国内研制星敏感器的工业单位主要有航天科技集团公司五院 502 所、八院 803 所、中国科学院光电技术研究所、中国科学院长春光学精密机械与物理研究所和中国科学院北京天文台等几家单位，相关高校主要有北京航空

航天大学、国防科技大学、清华大学、华中科技大学等[17-19]。

1.2.2 拖尾恒星信号复原技术

星图拖尾是由于感光介质在曝光瞬间与被摄星空之间存在相对运动造成的。有限的星光能量分散在更多的像元上，造成星像模糊、质心定位不准。对于像移补偿[20-24]，目前主要有机械式、光学式、电子式和图像式像移补偿法。

机械式补偿法是通过移动感光介质保持与被摄物的相对静止，要求感光介质移动的大小和方向与运动方向一致。该补偿法优点是感光面各点补偿效果一样，但需大功率传动装置，且对运行精度要求高，主要适用于胶片式垂直照相机。此外，对于由振动引起的像移可通过设计相应的减振系统进行消除。光学式补偿法是通过调整光学器件来改变光路以达到补偿像移的目的，相比于机械式补偿法，其结构简单，便于控制，可以补偿前向像移和由于俯仰、偏航引起的像移，一般应用在长焦距全景式相机上。电子式补偿法是利用电荷转移驱动技术控制曝光以实现与像移速度的同步，该补偿方法主要是针对 CCD 相机，主要有针对 TDI CCD[25-27]的真角度像移补偿法和针对面阵 CCD 的阶梯式像移补偿法。

图像式像移补偿法是将拖尾的图像进行复原来完成像移补偿，也是针对 CCD 相机的一种补偿方法。与前三种方法不同，图像式像移补偿法是对已生成的数字图像进行后期处理来消除拖尾，具有成本低、算法成熟、应用灵活等优点。在已知造成拖尾的运动形式后，图像复原技术可以对分散的星光能量进行积累，以恢复清晰的图像。常见的复原算法有逆滤波、维纳滤波、约束最小二乘、Richardson-Lucy 算法等[28-30]。逆滤波对噪声的影响比较敏感，约束最小二乘方法在噪声较强时复原效果较差，维纳滤波方法的抗噪性能良好，Richardson-Lucy 方法的复原效果与迭代次数有关，一般迭代次数越多复原效果越好，但花费的时间也相应的增加。鉴于星敏感器计算能力有限和星空特殊的环境背景，宜采用计算量小、抗噪性能优良的算法。

但是，应用图像复原技术对拖尾星图进行处理的难点在于拖尾长度和拖尾角度的获取。从图像处理的角度，可以利用拖尾图像的频谱特性[31]、模糊半透明区域[32]、图像的边缘[33]以及利用多幅图像之间的联系[34-35]等方法来求取拖尾的参数。然而，这种求解拖尾参数的方法一般都较为复杂，计算量大，不适用于星敏感器对姿态输出的实时性要求，而且这种方法对拖尾参数的求解精度不高，影响拖尾星图的复原效果，会导致星点质心提取的较大误差。而星敏感器一般安装在各类航天器上，可以利用航天器上的其他敏感器件估计星敏感器拍摄星图的拖尾参数，吴小娟等[36]建立了星敏感器运动模糊参数与陀螺输出的角增量的关系，利用陀螺的输出直接给出星图的拖尾参数，避免了从拖尾图像中求解拖尾参数的复杂过程。

1.2.3 星图识别算法

星图识别是建立拍摄星图与导航星图的对应关系的过程，利用一定的识别特征完成对应匹配。常见的识别特征包括恒星的亮度、恒星间的角距、光谱特性以及多颗恒星构成的几何形状等[37]。其中，恒星的亮度特征精度较低，主要是由于仪器星等(Instrument Magnitude)和视星等(Visual Magnitude)存在差异造成的，而角距特征最为精确可靠，是星图识别中常用的匹配特征。

Junkins、Turner、Strikweerda 等先驱在 20 世纪 70 年代末提出了以星三角为识别特征的星图识别方法[38-39]，其基本原理是以视场内的三颗星之间的角距作为匹配特征量，将其与预先存储的导航三角形进行匹配，如果满足一定的门限范围，则认为识别成功。此外，流行的星图识别算法还有多边形角匹配法[40]、栅格算法[41]、匹配组算法[42-44]、神经网络算法[45]，文献[46]比较了三角形算法、栅格算法以及匹配组算法的优劣性。

对于星图识别算法而言，识别速度和识别成功率是衡量算法性能好坏的关键指标。早期的算法在遍历导航特征库时采用简单的线性查找法或二分查找法，其时间复杂度分别为 $O(N)$ 和 $O(\log_2 N)$，运算量较大，严重限制了星图识别速度。直至 Mortari 发展了一种鲁棒的 SLA(Search-Less Algorithm)算法[47-48]，采用 $\boldsymbol{K}$ 矢量寻址技术，大大提高了星图识别速度。$\boldsymbol{K}$ 矢量寻址技术的核心是构造了单调的 $\boldsymbol{K}$ 矢量查找表，从而节省查找时间，经 Mortari 扩展后可作为一种普适的快速查找方法[49]。

2001 年，Junkins 和 Mortari 等在经典的星三角匹配模式基础上设计了一种基于四颗星的星棱锥匹配算法[50]，该算法不依靠低精度的星等信息，采用 $\boldsymbol{K}$ 矢量查找技术，大大提高了识别速度和成功率。该算法可在"太空迷失"(Lost-in-Space)条件下实现全自主星图识别，并用于 NASA 的 STS-107 飞行任务和"新千年计划"中 Draper 实验室开发研制的惯性星光罗盘(Inertial Stellar Compass，ISC)[51-53]。此后，Mortari 进一步完成了该算法识别率的理论分析并从数学原理上证明了其有效性[54-55]。

近年来，又出现了不少新的星图识别算法，如 Juang 等以星模式矢量矩阵的奇异值作为识别特征[56]，Cole 等又在星角距的基础上提出利用星三角的面积和惯性极矩作为识别特征[57-58]，这些算法均采用了 $\boldsymbol{K}$ 矢量查找技术，仅考虑不同的星模式匹配特征。Needelman 等进一步讨论了导航星表的结构设计和在线自动更新问题[59]。美国 NASA JPL 实验室提出了跟踪窗的方法[60-61]。该方法利用上一时刻星点跟踪的位置信息，来估计当前时刻星点的位置信息，并在一定大小的跟踪窗口对星点进行搜索，如果捕获到唯一的一个星点，就认为当前这颗星点与上一时刻跟踪到的星点是同一颗星，具有相同的位置、星等和编号信息。但这种方法只能跟踪少量的恒星，且由于跟踪窗口较小，极易受姿态扰动和估计误差的影响而造成跟踪失败。Samaan 提出了一种 SNA[62] 星跟踪识别算法，该算法储存每颗星附近的星信息，在利用先验信息识别下一时刻星图时，从星图中每颗星的附近星信息中查找进入视野的新星。

1.2.4 姿态确定算法

目前，航天器上应用的姿态敏感器种类很多，如三轴磁强计、太阳敏感器、地平仪以及星敏感器等，而这些基于矢量观测的姿态确定问题又都可以归结为 Wahba 问题。1965 年，Wahba 提出利用矢量观测信息确定航天器的姿态问题，其核心是求解行列式为+1 的最优正交矩阵，使得损失函数

$$L(\boldsymbol{A}) \equiv \frac{1}{2}\sum_i a_i \mid \boldsymbol{b}_i - \boldsymbol{A}\boldsymbol{r}_i \mid^2 \tag{1.1}$$

最小[63]。几十年来，人们提出了许多基于矢量观测求解姿态的算法，这些算法基本可以分为两大类：一类是确定性方法；另一类是状态空间估计方法。

1. 确定性方法

典型的确定性算法有 TRIAD(ThRee-axIs Attitude Determination)法[64-65]、q-方法[64-65]、QUEST(QUaternion ESTimator)法[65]、FOAM(Fast Optimal Attitude Matrix)法[66]、SVD(Singular Value Decomposition)法[67]、Euler-q 法[68]、ESOQ(EStimator of the Optimal Quaternion)法[69]、ESOQ2(Second EStimator of the Optimal Quaternion)法[70-71]等。针对双矢量观测情形，Shuster 指出利用 TRIAD 法求解时第二个观测矢量部分信息被丢失，当矢量 1 和矢量 2 的测量精度不等时，所求的姿态阵并不是最优的[65]；Bar-Itzhack 提出利用两次 TRIAD 法进行加权处理得到更为准确的姿态矩阵[72]，而 Markley 从 FOAM 方法入手推导了目前形式最为简洁的双矢量观测情形下的闭合解形式[73-74]，并在 2008 年完成了该算法的方差分析[75]。

直到 1968 年 Davenport 提出了 q-方法，Wahba 问题的求解才取得了重大突破，其核心是利用四元数参数化姿态矩阵，从而将 Wahba 问题转化为 $\boldsymbol{K}$ 矩阵的最大特征值求解问题，该方法最早应用于 HEAO(High Energy Astronomy Observatory)任务的地面支持软件中。虽然有许多鲁棒性算法可求解对称矩阵的特征值问题，但其在线计算速度非常慢，此后提出的 QUEST 法、ESOQ 法以及 ESOQ2 法均是求解该特征值问题的快速鲁棒性算法，因此它们在计算精度

方面基本无差异，差别主要集中于计算速度上[71]。2000 年，Markley 和 Mortari 对这些静态确定性算法进行了综述，并做了算法性能比较，认为 QUEST 法和 ESOQ2 法为首选姿态确定算法[73,76-77]。

QUEST 算法是最小二乘意义下的最优四元数估计，该算法最早应用于 1979 年的 MAGSAT 任务，也是迄今为止解决 Wahba 问题的最常用算法。经典文献[65]中另外两个亮点是包含了 QUEST 测量模型和连续旋转理论的雏形。Shuster 在文献[78-79]中正式提出了 QUEST 测量模型并证明了其对于小视场敏感器是比较精确的，并利用 QUEST 测量模型推导了 TRIAD 法和 QUEST 法的方差阵，从理论上证明了 QUEST 法优于 TRIAD 法[65]。此后，Shuster 又基于 QUEST 测量模型证明了：①Wahba 问题等价于最大似然估计问题[80]，并进一步提出了广义 Wahba 问题[81]；②TRIAD 法是一个最大似然估计器[82]；③该测量模型的方差阵在 EKF 公式中可以等效地用非奇异阵 $\boldsymbol{\sigma}^2\boldsymbol{I}_{3\times3}$ 代替[78]，该模型也是 Shuster 教授一生中最引以自豪的[83]。针对大视场敏感器情形，Cheng 利用一阶泰勒近似进一步扩展了 QUEST 测量模型[84]。对于连续旋转理论，Shuster 在文献[85]中正式提出并将该方法应用于解决一般性的姿态奇异问题，该方法后来在 FOAM 法[66]、ESOQ2 法[70]中均得到应用。

近年来，虽然没有新的确定性算法出现，但随着 Wahba 问题本质的探索[81]，现有算法与最大似然估计关系的揭示[81-82,86]以及方差分析的完善[75]等文献出现，让科研工作者对确定性算法有了更深刻的了解，并可进一步掌握方差分析这一有力工具[87]。

2. 状态估计法

单纯依靠矢量观测进行姿态解算的确定性方法要求参考矢量足够精确，且易受敏感器的失准误差、测量误差等因素影响，往往难以满足高精度的定姿要求。与这类方法相反，状态估计法中的状态量并不仅限于姿态参数，还包括矢量观测中的一些不确定性参数；另外，现代航天器上的姿态确定系统往往采用多个姿态敏感器进行组合测量，由于不同敏感器在测量精度、数据更新率上具有较大差异，一般也需要采用状态估计法进行信息融合。根据姿态角速度信息的获取方式可将姿态确定方案分为有陀螺方案和无陀螺方案，前者的姿态角速度由速率积分陀螺测量得到，而后者的姿态角速度一般通过姿态动力学传播得到。

常用的姿态描述参数有方向余弦阵(Direction Cosine Matrix，DCM)、欧拉角(Euler Angles)、旋转矢量(Rotation Vector)、姿态四元数(Quaternion)或欧拉对称参数(Euler Symmetric Parameters)、罗德里格参数(Rodrigues Parameters)或吉布斯矢量(Gibbs Vector)、修正罗德里格参数(Modified Rodrigues Parameters，MRPs）、凯莱-克莱参数（Cayley-Klein Parameters）等，目前航天器上最常用的姿态参数是四元数，其优点主要在于用其表示的姿态运动学方程为线性形式，计算量小，且不存在奇异性。1964 年，Stuelpnagel 从数学上证明了三维参数用来表示姿态不可能是全局且非奇异的[88]，因此，虽然旋转矢量[89]、MRPs[90]作为姿态描述参数也有一定应用，但就描述航天器姿态而言始终不如四元数流行。不过，在航姿系统中常采用旋转矢量进行快速姿态解算[91]，而欧拉角由于其明显的物理意义也常被用于描述火箭或导弹的姿态，至于欧拉运动学方程中的奇异问题，可采用双欧拉角法进行有效解决。另外，文献[92]对姿态描述参数及其运动学方程进行了系统的综述。

扩展卡尔曼滤波（Extended Kalman Filter，EKF）技术[93-96]常被用于航天器实时姿态确定，根据姿态参数的选取不同和观测量的不同形式，常见的实现方式有乘性扩展卡尔曼滤波[96-97]（Multiplicative Extended Kalman Filter，MEKF）和加性扩展卡尔曼滤波[98-101]（Additive Extended Kalman Filter，AEKF）两种方式。AEKF 和 MEKF 的本质区别在于四元数误差修正过程中是否遵循了单位范数约束条件而不在于修正形式是加法还是四元数乘法，Shuster 指出如果对 AEKF 加以适当的约束，那么它可等价于 MEKF，但是计算量比 MEKF 大[102]。因此，MEKF 被广泛应用于各种航天器姿态确定任务并且发展最为成熟。

由于四元数的正交性约束会造成滤波过程中误差方差阵奇异，因此 MEKF 的基本思想是估计无约束的三分量姿态误差参数并利用四元数乘法为航天器提供全局非奇异姿态描述。常采用的姿态误差参数有无穷小旋转矢量，两倍的四元数矢部，两倍的罗德里格参数或吉布斯矢量，四倍的修正罗德里格参数等，文献[97]证明了这些姿态误差参数用于描述姿态误差矩阵的二阶形式是等效的，并指出 MEKF 不是一个真正的四元数估计器，实际上是无约束的三分量姿态误差的估计器，四元数起到的作用仅是作为参考姿态用于定义姿态误差，并由此推导了二阶滤波器形式，相比早期的二阶滤波器[103]形式上更为简单易懂。另一种实现方式是经典文献 LMS[96]中介绍的方差变换技术，虽然相比 MEKF 方法复杂，但该方法可用于解决滤波过程中一般性的方差阵奇异问题，例如，关于 EKF 公式中可等效地用非奇异阵 $\boldsymbol{\sigma}^2\boldsymbol{I}_{3\times3}$ 代替 QUEST 测量模型的方差阵的证明，以及针对大视场敏感器的 QUEST 测量模型的扩展等均采用了该方法[84]。

从 QUEST 算法出发，Shuster 提出了一种能够递推处理矢量观测信息的姿态估计算法，称为滤波 QUEST（Filter QUEST）算法[104]，该算法利用姿态分布矩阵 $\boldsymbol{B}$ 的传播实现了卡尔曼滤波的递推处理功能。Bar-Itzhack 也对 QUEST 算法进行了扩展，提出了 REQUEST 法[105]（REcursive QUEST），该算法通过 $\boldsymbol{K}$ 矩阵的传播来实现递推功能。由于能够利用所有过去时刻的测量信息，即使在某一时刻只能获得一个矢量的测量信息，滤波 QUEST 法和 REQUEST 法仍能进行姿态更新。Shuster 进一步证明了滤波 QUEST 和 REQUEST 算法在数学上是等效的，并指出滤波 QUEST 算法计算量更小[106]。不过在实际应用当中，这两种算法在精度上都不能和 EKF 算法媲美，它们的误差大概是 EKF 算法的两倍[107]。

就非线性滤波算法本身而言，EKF 鲁棒性不强，易于发散，对于非线性特性较强的估计问题，EKF 得到的结果常常不理想。Julier 和 Uhlmann[108-109]在 20 世纪 90 年代中期基于 Unscented 变换(Unscented Transformation，UT)提出了 Unscented 卡尔曼滤波器(Unscented Kalman Filter，UKF)，该滤波器利用 UT 变换取代了局部线性化，不需要计算雅可比导数矩阵，并可以证明 UKF 的理论估计精度优于 EKF[110]。Crassidis 等[111-112]将该算法引入航天器姿态确定这一领域，设计了无味四元数估计器(UnScented Quaternion Estimator，USQUE)，并发现 UKF 可以容许较大的初始误差。UKF 的不足之处主要表现在计算量大，另外，关于 UT 变换参数的选择目前也没有很好的理论依据。

前述的 EKF 和 UKF 均假设了系统的随机部分服从高斯分布，但对于强非线性的无陀螺定姿系统来说，由于受外部干扰力矩和其他摄动因素的影响，姿态动力学模型中可能存在有不确定性的力矩模型误差，无法事先给出先验的动力学噪声信息，此时采用 EKF 和 UKF 滤波算法其有效性难以保证。为解决这一问题，Mook 与 Junkins[113]提出了最小模型误差(Minimum Model Error，MME)准则，并在 2010 年进一步完成了对其的方差分析[114]；Crassdis 和 Markley 基于 MME 准则和 Lu[115]所建立的预测控制理论，进一步提出了预测滤波估计器(Nonlinear Predictive Filter，NPF)，该算法曾用于 SAMPEX(Solar，Anomalous，Magnetospheric Particle Explorer)航天器上进行实时的姿态估计[116-117]。

从信息融合结构来看，可分为集中滤波和分散化滤波两种形式，集中滤波是用一个集中的滤波器来处理全部量测信息，将各敏感器的观测方程合并为一个统一的观测方程，对于较大的系统而言，这种集中式处理方式会导致系统维数高，计算负担重，且容错性差等缺点；分散化滤波利用各子系统局部滤波器(Local Filter)并行处理各自的观测信息以产生局部状态估计，将局部估计结果传递给全局滤波器(Master Fliter)产生最优滤波结果，Carlson 采用“信息分享原理”提出了联合滤波算法[118-120]，该算法由于设计灵活、实现简单、容错性能好等优点近些年来备受关注。目前，制约联合滤波算法发展的一个重要因素是如何选取各子滤波器信息分配因子，该系数对于系统的容错性、可靠性和精度等均具有重要意义。

从验证算法精度的方式来看，主要包括蒙特卡洛仿真和方差分析等两种方法，前者为了获得高精度的仿真结果需要进行大量的打靶仿真，时间成本较高，因此在可能的情况下往往希望通过一定的方差分析获得算法精度的解析表达式。1978 年，Farrenkopf[121]首次给出了单轴航天器姿态稳态精度的解析式，Markley[122]在此基础上进一步扩展到速率积分陀螺的情形，但状态参数只包含了姿态参数和陀螺漂移，Fosbury[123]进一步对状态变量以及观测模型进行了扩展；Markley[124]和 Geller[125]则针对更为一般性的航天任务开展了方差分析技术研究。不过，针对具体的任务背景，方差分析只能用于分析少数状态参数并且需要做些简化假设，因此，在实际运用过程中，往往需要结合这两种手段进行分析。

近些年来，又提出了不少新的滤波算法，如粒子滤波算法[126]、高斯滤波算法[127-128]、多模自适应估计算法[129-131]等，可见姿态确定这一领域仍然方兴未艾。文献[107]系统总结了近 30 年的非线性姿态滤波算法，目前，对于有陀螺姿态确定系统而言，MEKF 方法无疑是最实用的，虽然四元数传播方程是严格遵循范数限制条件，但其更新方程并未严格遵循四元数归一化条件，这也是目前研究的焦点问题[132-134]；而对于无陀螺姿态确定系统而言，一般采用纯粹基于矢量观测的姿态确定算法或预测滤波估计算法。

1.3 本书主要思路及内容

本书采用理论分析、数学建模和计算机仿真相结合的研究方法，深入研究了基于多视场星敏感器的航天器姿态确定技术，重在基本理论和方法的探讨，各章节的具体内容安排如下：

第 1 章是绪论。首先介绍了本书的研究背景和意义；其次介绍了多视场星敏感器的发展及现状，并对拖尾恒星信号复原技术、星图识别算法和姿态确定算法进行了综述；最后介绍了本书内容安排。

第 2 章是星图模拟与拖尾星图复原。首先介绍了星图模拟原理，并利用数值仿真完成了导航星选取；其次进一步介绍了常见的带门限灰度重心法用于星图质心提取；最后介绍了星图拖尾的产生机理以及基于维纳滤波的拖尾星图复原方法。

第 3 章是星图识别算法研究。首先介绍了 $\boldsymbol{K}$ 矢量查找技术，并研究了星棱锥匹配算法；其次介绍了星跟踪基本原理以及星邻域跟踪识别方法，并针对上述方法进行了数值仿真验证。

第 4 章是双视场星敏感器的总体方案及定姿软件设计。首先，介绍了双视场实现方法及成像原理，设计了双视场星敏感器总体方案；其次在星棱锥匹配算法的基础上改进提出了针对双视场星敏感器的星图识别方法；最后，设计了多功能星图模拟与定姿软件。

第 5 章是基于矢量观测的航天器姿态确定性方法。首先介绍了几种常用的姿态描述参数并给出了旋转误差定义；其次研究了几种典型的基于矢量观测的姿态确定性算法，并利用数值仿真比较了各算法性能；进一步研究了方向余弦阵中四元数提取算法以及姿态阵和四元数的加权平均问题，拓展了 Wahba 问题的应用范围。

第 6 章是基于状态估计的航天器姿态确定方法。首先，推导了具有一般形式的 MEKF 姿态确定算法，适用于航天器相对于任意已知参考坐标系的姿态求解，设计了有陀螺和无陀螺两种姿态确定方案，并系统研究了姿态敏感器常用的矢量观测模型、四元数观测模型以及欧拉角观测模型；其次，设计了 AKEF、USQUE 以及带四元数范数约束的姿态滤波器；最后，运用矩阵论中的二次型原理，提出了一种应用于卡尔曼滤波过程中的离散化算法，该算法有利于针对时间连续系统的卡尔曼滤波过程在计算机上的一体化实现。

参考文献

[1] BANK J L. Analysis of the CT-633 star tracker's attitude estimation capability[J]. Journal of the Astronautical Sciences, 1997, 45(2): 179-198.

[2] LIEBE C C. Accuracy performance of star trackers-a tutorial[J]. IEEE Transactions on Aerospace and Electronic Systems, 2002, 38(2): 587-599.

[3] MORTARI D, POLLOCK T C, JUNKINS J L, et al. Towards the most accurate attitude determination system using star trackers[J]. Advances in the Astronautical Sciences, 1998, 99(2): 839-850.

[4] MORTARI D, ANGELUCCI M. Star pattern recognition and mirror assembly misalignment for digistar II and III multiple fovs star sensors[J]. Advances in the Astronautical Sciences, 1999, 102(2): 1175-1184.

[5] JU G, POLLOCK T, JUNKINS J L, et al. Digistar II micro-star tracker: autonomous on-orbit calibration and attitude estimation [C]//AAS/AIAA Astrodynamics Specialist Conference. USA: AIAA Inc, 1999: 1-15.

[6] MORTARI D, JUNKINS J L. SP-search star pattern recognition for multiple fields of view star trackers[J]. Advances in the Astronautical Sciences, 2000, 103(3): 2127-2143.

[7] MORTARI D, ROMOLI A. NavStar Ⅲ: a three fields of view star tracker[C]//2002 IEEE Aerospace Conference. USA: IEEE Inc, 2002: 47-57.

[8] JUNKINS J L, POLLOCK T C, MORTARI D, et al. Multiple field of view optical imaging system and method: No. 60/239, 559[P]. 2001-1-29.

[9] BLARRE L, PIOT D. SED16 autonomous star sensor product line in flight results, new development and improvements in progress[C]//AIAA Guidance, Navigation, and Control Conference. USA: AIAA Inc, 2005: 808-816.

[10] BLARRE L, PERRIMON N, AIREY S, et al. New multiple head star sensor (HYDRA) description and development status: a highly autonomous, accurate and very robust system to pave the way for gyroless very accurate AOCS systems[C]//AIAA Guidance, Navigation, and Control Conference. USA: AIAA Inc, 2005: 817-825.

[11] BLARRE L. New Sodern's APS based autonomous multiple heads star sensor (HYDRA): three heads are better than one[C]//Proceedings of the 6th International ESA Conference on Guidance, Navigation and Control Systems. Europe: ESA Inc, 2006: 309-315.

[12] Blarre L, OUAKNINE J, ODDOS-MARCEL L, et al. High accuracy sodern star tracker: recent improvements proposed on SED36 and HYDRA star trackers[C]//AIAA Guidance, Navigation, and Control Conference. USA: AIAA Inc, 2006: 132-138.

[13] BLARRE L. HYDRA multiple heads star tracker based on active pixels sensors and the gyrometer assistance option[C]//AIAA 57th International Astronautical Congress. USA: AIAA Inc, 2006: 4187-4195.

[14] BLARRE L. HYDRA, a new multiple heads aps based star sensor-description and discussion of the robustness improvement enabled by the APS technology[J]. Advances in the Astronautical Sciences, 2007, 128: 551-566.

[15] MAJEWSKI L, BLARRE L, PERRIMON N, et al. HYDRA multiple head star sensor and its in-flight self-calibration of optical heads alignment[C]// International Conference on Space Optics 2008. Europe: ESA Inc, 2008: 1-15.

[16] MAJEWSKI L, BLARRE L, PERRIMON N, et al. HYDRA multiple head star tracker with enhanced performance[C]//7th International ESA Conference on Guidance, Navigation & Control Systems. Europe: ESA Inc, 2008: 21-35.

[17] 尤政，邢飞，董瑛，等．双视场星敏感器及利用其进行星图识别的方法：ZL200410091182.4[P]. 2008-5-7.

[18] 叶生龙，魏新国，樊巧云，等．多视场星敏感器工作模式设计[J]．北京航空航天大学学报，2010，36(10)：1244-1247.

[19] 张华．高精度双视场星敏感器关键技术研究[D]．武汉：华中科技大学，2011.

[20] 李兴华．高分辨力空间摄影相机像移补偿控制技术研究[D]．长春：中国科学院长春光学精密机械与物理研究所，2000.

[21] 颜昌翔，王家骐．航相机像移补偿计算的坐标变换方法[J]．光学精密工程，2000，8(3)：203-207.

[22] 孙丽娜．TDI CCD 的驱动实现像移补偿的研究[D]．长春：中国科学院长春光学精密机

械与物理研究所，2000.
[23] 刘朝山，刘光斌，孙红辉，等．基于星敏感器的像移补偿技术[J]．系统工程与电子技术，2012，34(7)：1435-1438.
[24] 刘朝山，刘光斌，杨波，等．弹载星敏感器像移模型及其仿真分析[J]．红外与激光工程，2013，42(5)：1311-1315.
[25] MILLER B M，RUBINOVICH E Y. Image motion compensation at charge-coupled device photo-grapging in delay-integration mode[J]. Automation and Remote Control，2007，68(3)：564-571.
[26] LEPAGE G，BOGAERTS J，MEYNANTS G. Time-delay-integration architectures in Cmos image sensors[J]. IEEE Trans. on Electron Devices，2009，56(11)：2524-2533.
[27] ZHANG L，LI S J，JIN G，et al. Modeling of satellite borne tdi ccd pitching imaging image motion velocity vector[C]//Proc. of the IEEE International Conference on Automation and Logistics. USA：IEEE Inc，2009：1587-1591.
[28] 刘微，朱明．运动模糊图像恢复算法的研究与实现[D]．长春：中国科学院长春光学精密机械与物理研究所，2005.
[29] QUAN W，ZHANG W N. Restoration of motion-blurred star image based on wiener filter [C]// Proceedings of the 4th International Conference on Intelligent Computation Technology and Automation. USA：IEEE Inc，2011：691-694.
[30] 彭青建，傅志中．运动模糊图像复原算法研究[D]．成都：电子科技大学，2010.
[31] LOKHANDE R，ARYA K V，GUPTA P，et al. Identification of parameters and restoration of motion blurred images[C]//Proceedings of the 2006 ACM Symposium on Applied Computing. USA：AIAA Inc，2006，301-305.
[32] JIA J. Single image motion deblurring using transparency[C]//IEEE Conference on Computer Vision and Pattern Recognition. USA：IEEE Inc，2007：453-460.
[33] JOSHI N，SZELISKI R，KRIEGMAN D J，et al. PSF estimation using sharp edge prediction [C]// IEEE Conference on Computer Vision and Pattern Recognition. USA：IEEE Inc，2008：3823-3830.
[34] CAI J F，JI H，LIU C，et al. Blind motion deblurring using multiple images[J]. Journal of Computational Physics，2009，228(14)：5057-5071.
[35] CHEN J，YUAN L，TANG C，et al. Robust dual motion deblurring[C]//IEEE Conference on Computer Vision and Pattern Recognition. USA：IEEE Inc，2008，3791- 3798.
[36] 吴小娟，王新龙．星图运动模糊及其复原方法[J]．北京航空航天大学学报，2011，37(11)：1338-1342.
[37] LIEBE C C. Pattern recognition of star constellations for spacecraft applications[J]. IEEE Aerospace and Electronic Systems Magazine，1992，7(6)：34-41.
[38] JUNKINS J L，WHITE C C，TURNER J. D，et al. Star pattern recognition for real time attitude determination[J]. Journal of the Astronautical Sciences，1977，25(3)：251-270.

[39] JUNKINS J L, STRIKWEERDA T E. Autonomous attitude estimation via star sensing and pattern recognition[C]//Proceedings of the Flight Mechanics and Estimation Theory Symposium. USA: AIAA Inc, 1978: 127-147.

[40] KOSIK J. Star pattern identification aboard an inertially stabilized aircraft[J]. Journal of Guidance Control Dynamics, 1991, 14: 230-235.

[41] PADGETT C, KREUTZ-DELGADO K. A grid algorithm for autonomous star identification [J]. IEEE Transactions on Aerospace and Electronic Systems, 1997, 33(1): 202-212.

[42] VAN BEZOOIJEN R W H. A star pattern recognition algorithm for autonomous attitude determination[C]//IFAC Symposium on Automatic Control in Aerospace. USA: IEEE Inc, 1989: 51-58.

[43] VAN BEZOOIJEN R W H. Automated star pattern recognition[D]. USA: Stanford University, 1989.

[44] BALDINI D, FOGGI A, BENELLI G, et al. A new star-constellation matching algorithm for satellite attitude determination[J]. Europen Space Agency Journal, 1993, 17(2): 185-198.

[45] ANDERSON D. Autonomous star sensing and pattern recognition for spacecraft attitude determination[D]. USA: Texas A&M University, 1991.

[46] PADGETT C, KREUTZ-DELGADO K, UDOMKESMALEE S, et al. Evaluation of star identification techniques[J]. Journal of Guidance, Control, and Dynamics, 1997, 20(2): 259-267.

[47] MORTARI D. A fast on-board autonomous attitude determination system based on a new star-id technique for a wide fov star tracker[J]. Advances in the Astronautical Sciences, 1996, 93(2): 893-893.

[48] MORTARI D. Search-less algorithm for star pattern recognition[C]//Journal of the Astronautical Sciences, 1997, 45(2): 179-194.

[49] MORTARI D, NETA B. K-vector range searching technique[C]//10th Annual AIAA/AAS Space Flight Mechanics Meeting. USA: AIAA Inc, 2000: 449-463.

[50] MORTARI D, JUNKINS J L, SAMAAN M A, et al. Lost-in-space pyramid algorithm for robust star pattern recognition[C]//Advances in the Astronautical Sciences. USA: AIAA Inc, 2001: 49-68.

[51] BRADY T. The inertial stellar compass: a multifunction, low power, attitude determination technology breakthrough[C]//26th Annual AAS Guidance and Control Conference. USA: AIAA Inc, 2003: 1-15.

[52] BRADY T. The inertial stellar compass: a new direction in spacecraft attitude determination[C]//16th Annual AIAA/USU Conference on Small Satellites. USA: AIAA Inc, 2002: 12-15.

[53] BRADY T, BUCKLEY S, TILLIER C, et al. Ground validation of the inertial stellar compass[C]//IEEE Aerospace Conference. USA: IEEE Inc, 2004: 1-13.

[54] MORTARI D, SAMAAN M A, BRUCCOLERI C, et al. The pyramid star identification technique[J]. Journal of Navigation, 2004, 51(3): 171-183.

[55] KUMAR M, MORTARI D, JUNKINS J L, et al. An analytical approach to star identification reliability[J]. Acta Astronautica, 2008, 66(3): 508-515.

[56] JUANG J N, KIM H Y, JUNKINS J L, et al. An efficient and robust singular value method for star pattern recognition and attitude determination[C]//Advances in the Astronautical Sciences. USA: AIAA Inc, 2003: 491-504.

[57] COLE C L, CRASSIDIS J L. Fast star pattern recognition using spherical triangles[C]// Collection of Technical Papers AIAA/AAS Astrodynamics Specialist Conference. USA: AIAA Inc, 2004: 1507-1529.

[58] COLE C L, CRASSIDIS J L. Fast star-pattern recognition using planar triangles[J]. Journal of Guidance, Control, and Dynamics, 2006, 29(1): 64-71.

[59] NEEDELMAN D D, ALSTAD J P, LAI P C, et al. Fast access amd low memory star pair catalog for star pattern identification [J]. Journal of Guidance, Control, and Dynamics, 2010, 33(5): 1396-1403.

[60] LIEBE C C, ALKALAI L, DOMINGO G, et al. Micro APS based star tracker[J]. IEEE Aerospace Conference Proceedings, 2002, 5: 2285-2299.

[61] YADID P O. CMOS active pixel sensor star tracker with regional electronic shutter[J]. IEEE Trans on Solid-State Circuits, 1997, 32(3): 285-288.

[62] SAMAAN M A. Toward fast and more accurate star tracker sensor using recursive centroiding and star identification[D]. USA: Texas A&M University, 2003.

[63] WAHBA G. A least squares estimate of spacecraft attitude[J]. SIAM Review, 1965, 7(3): 409-411.

[64] WERTZ J R. Spacecraft attitude determination and control[M]. The Netherlands: Kluwer Academic Publishers, 1978.

[65] SHUSTER M D, OH S D. Three-axis attitude determination from vector observations[J]. Journal of Guidance, Control, and Dynamics, 1981, 4(1): 70-77.

[66] MARKLEY F L. Attitude determination using vector observations: a fast optimal matrix algorithm[J]. Journal of the Astronautical Sciences, 1993, 41(2): 261-280.

[67] MARKLEY F L. Attitude determination using vector observations and the singular value decomposition[J]. Journal of the Astronautical Sciences, 1988, 36(3): 245-258.

[68] MORTARI D. Euler-q algorithm for attitude determination from vector observations[J]. Journal of Guidance, Control, and Dynamics, 1998, 21(2): 328-334.

[69] MORTARI D. ESOQ: a closed-form solution to the Wahba problem[J]. Journal of the Astronautical Sciences, 1997, 45(2): 195-204.

[70] MORTARI D. ESOQ2 single-point algorithm for fast optimal spacecraft attitude determination [J]. Advances in the Astronautical Sciences, 1997, 95: 817-826.

[71] MORTARI D. Second estimator of the optimal quaternion[J]. Journal of Guidance, Control, and Dynamics, 2000, 23(5): 885-888.

[72] BAR-ITZHACK I Y, HARMAN R R. Optimized TRIAD algorithm for attitude determination [J]. Journal of Guidance, Control, and Dynamics, 1997, 20(1): 208-211.

[73] MARKLEY F L, MORTARI D. How to estimate attitude from vector observations[J]. Advances in the Astronautical Sciences, 2000, 103: 1979-1996.

[74] MARKLEY F L. Fast quaternion attitude estimation from two vector measurements[J]. Journal of Guidance, Control, and Dynamics, 2002, 25(2): 411-414.

[75] MARKLEY F L. Optimal attitude matrix from two vector measurements[J]. Journal of Guidance, Control, and Dynamics, 2008, 31(3): 765-768.

[76] MARKLEY F L, MORTARI D. Quaternion attitude estimation using vector observations[J]. Journal of the Astronautical Sciences, 2000, 48(3): 359-380.

[77] MARKLEY F L, MORTARI D. New developments in quaternion estimation from vector observations[J]. Advances in the Astronautical Sciences, 2000, 106: 373-393.

[78] SHUSTER M D. Kalman filtering of spacecraft attitude and the QUEST model[J]. Journal of the Astronautical Sciences, 1990, 38(3): 377-393.

[79] SHUSTER M D. Erratum: Kalman filtering of spacecraft attitude and the QUEST model[J]. Journal of the Astronautical Sciences, 2003, 51(3): 359.

[80] SHUSTER M D. Maximum likelihood estimation of spacecraft attitude[J]. Journal of the Astronautical Sciences, 1989, 37(1): 79-88.

[81] SHUSTER M D. The generalized wahba problem[J]. Journal of the Astronautical Sciences, 2006, 54(2): 245-259.

[82] SHUSTER M D. The TRIAD algorithm as maximum likelihood estimation[J]. Journal of the Astronautical Sciences, 2006, 54(1): 113-123.

[83] SHUSTER M D. Beyond estimation[C]//Advances in the Astronautical Sciences. USA: AIAA Inc, 2006: 249-270.

[84] CHENG Y, CRASSIDIS J L, MARKLEY F L. Attitude estimation for large field-of-view sensors[J]. Journal of the Astronautical Sciences, 2006, 54(3): 433-448.

[85] SHUSTER M D, NATANSON G A. Quaternion computation from a geometric point of view [J]. Journal of the Astronautical Sciences, 1993, 41(4): 545-556.

[86] MARKLEY F L, CHENG Y, CRASSIDIS J L, et al. Averaging quaternions[J]. Journal of Guidance, Control and Dynamics, 2007, 30(4): 1193-1197.

[87] SHUSTER M D. Deterministic three-axis attitude determination[J]. Journal of the Astronautical Sciences, 2004, 52(3): 405-419.

[88] STUELPNAGEL J. On the paramerization of the three-dimensional rotational group[J]. SIAM Review, 1964, 6(4): 422-430.

[89] PITTELKAU M E. Rotation vector attitude estimation[J]. Journal of Guidance, Control, and Dynamics, 2003, 26(6): 855-860.

[90] CRASSIDIS J, MARKLEY F L. Attitude estimation using modified rodrigues parameters[J].

Journal of Guidance, Control, and Dynamics, 1996, 19(1): 71-86.

[91] SAVAGE P G. Strapdown inertial navigation integration algorithm design. Part 1: attitude algorithms[J]. Journal of Guidance, Control, and Dynamics, 1998, 21(1): 19-28.

[92] SHUSTER M D. A survey of attitude representations[J]. Journal of the Astronautical Sciences, 1993, 41(4): 439-517.

[93] FARRELL J L. Attitude determination by Kalman filter[J]. Automatic, 1970, 6(5): 419-430.

[94] MURRELL J W. Precision attitude determination for multimission spacecraft[C]//AIAA Guidance and Control Conference. USA: AIAA Inc, 1978: 70-87.

[95] SCHMIDT S F. Kalman filter: its recognition and development for aerospace application[J]. Journal of Guidance, Control, and Dynamics, 1981, 4(1): 4-7.

[96] LEFFERTS E J, MARKLEY F L, SHUSTER M D, et al. Kalman filtering for spacecraft attitude estimation[J]. Journal of Guidance, Control, and Dynamics, 1982, 5(5): 417-429.

[97] MARKLEY F L. Attitude error representations for Kalman filtering[J]. Journal of Guidance, Control, and Dynamics, 2003, 26(2): 311-317.

[98] BAR-ITZHACK I Y, OSHMAN Y. Attitude determination from vector observations: quaternion estimation[J]. IEEE Transactions on Aerospace and Electronic Systems, 1985, AES-21(1): 128-136.

[99] BAR-ITZHACK I Y, DEUTSCHMANN J, MARKLEY F L, et al. Quaternion normalization in additive EKF for spacecraft attitude determination[C]//AIAA Guidance, Navigation, and Control Conference, NewOrleans, LA, Aug. 1991. USA: AIAA Inc, 1991: 908-916.

[100] DEUTSCHMANN J, MARKLEY F L, BAR-ITZHACK I Y, et al. Quaternion normalization in spacecraft attitude determination[C]//Proceedings of the Flight Mechanics/Estimation Theory Symposium, (NASA/CP-1992-3186) NASA-Goddard Space Flight Center. USA: AIAA Inc, 1992: 523-536.

[101] CHOUKROUN D, BAR-ITZHACK I Y, OSHMAN Y, et al. A novel quaternion filter[C]// AIAA Guidance, Navigation, and Control Conference. USA: AIAA Inc, 2002: 1-11.

[102] SHUSTER M D. The quaternion in Kalman filtering[J]. Advances in the Astronautical Sciences, 1993, 85: 25-37.

[103] VATHSAL S. Spacecraft attitude determination using a second-order nonlinear filter[J]. Journal of Guidance, Control, and Dynamics, 1987, 10(6): 559-566.

[104] SHUSTER M D. A simple Kalman filter and smoother for spacecraft attitude[J]. Journal of the Astronautical Sciences, 1989, 37(1): 89-106.

[105] BAR-ITZHACK I Y. REQUEST: a recursive quest algorithm for sequential attitude determination[J]. Journal of Guidance, Control, and Dynamics, 1996, 19(5): 1034-1038.

[106] SHUSTER M D. Filter QUEST or REQUEST[J]. Journal of Guidance, Control, and Dynamics, 2009, 32(2): 643-645.

[107] MARKLEY F L, CRASSIDIS J L, CHENG Y, et al. Nonlinear attitude filtering methods [C]//AIAA Guidance, Navigation, and Control Conference. USA: AIAA Inc, 2005: 753-784.

[108] JULIER S J, UHLMANN J K, DURRANT-WHYTE H F. A new approach for filtering nonlinear systems [C]//Proceedings of the American Control Conference. USA: AIAA Inc, 1995: 1628-1632.

[109] JULIER S J, UHLMANN J K. A new extension of the Kalman filter to nonlinear systems [C]//Proceedings of the SPIE, Signal Processing, Sensor Fusion, and Target Recognition VI. USA: AIAA Inc, 1997: 182-193.

[110] JULIER S J, UHLMANN J K, DURRANT-WHYTE H F. A new method for the nonlinear transformation of means and covariances in filters and estimators[J]. IEEE Transactions on Automatic Control, 2000, 45(3): 477-482.

[111] CRASSIDIS J L, MARKLEY F L. Unscented filtering for spacecraft attitude estimation[J]. Journal of Guidance, Control, and Dynamics, 2003, 26(4): 536-542.

[112] CRASSIDIS J L. Sigma-point Kalman filtering for integrated gps and inertial navigation[C]// AIAA Guidance, Navigation, and Control Conference, San Francisco. USA: AIAA Inc, 2005: 1981-2004.

[113] MOOK D J, JUNKINS J L. Minimum model error estimation for poorly modeled dynamic systems[J]. Journal of Guidance, Control, and Dynamics, 1988, 11(3): 256-261.

[114] MAJJI M, TURNER J D, JUNKINS J L. Covariance analysis of the minimum model error estimator[J]. Advances in the Astronautical Sciences, 2010, 139: 2227-2242.

[115] LU P. Nonlinear predictive controllers for continuous systems[J]. Journal of Guidance, Control, and Dynamics, 1994, 17(3): 553-560.

[116] CRASSIDIS J L, MARKLEY F L. Predictive filtering for nonlinear systems[J]. Journal of Guidance, Control, and Dynamics, 1997, 20(3): 566-572.

[117] CRASSIDIS J L, MARKLEY F L. Predictive filter attitude estimation without rate sensors [J]. Journal of Guidance, Control and Dynamics, 1997, 20(3): 522-527.

[118] CARLSON N A. Information-sharing approach to federated Kalman filtering[C]//IEEE Proceedings of the National Aerospace and Electronics Conference. USA: IEEE Inc, 1988:1581.

[119] CARLSON N A. Federated filter for fault-tolerant integrated navigation systerms[C]// IEEE PLANS, Position Location and Navigation Symposium. USA: IEEE Inc, 1988: 110-119.

[120] CARLSON N A. Federated square root filter for decentralized parallel processes[J]. IEEE Transactions on Aerospace and Electronic Systems, 1990, 26(3): 517-525.

[121] FARRENKOPF R L. Analytic steady-state accuracy solutions for two common spacecraft attitude estimators[J]. Journal of Guidance and Control, 1978, 1(4): 282-284.

[122] MARKLEY F L, REYNOLDS R R. Analytic steady-state accuracy of a spacecraft attitude estimator[J]. Journal of Guidance, Control, and Dynamics, 2000, 23(6): 1065-1067.

[123] FOSBURY A M. Steady-state accuracy solutions of more spacecraft attitude estimators[C]//AIAA Guidance, Navigation, and Control Conference. USA: AIAA Inc, 2011: 1-19.

[124] MARKLEY F L, CARPENTER J R. Generalized linear covariance analysis[J]. Journal of the Astronautical Sciences, 2009, 57(1), 1-19.

[125] GELLER D K. Linear covariance techniques for orbital rendezvous analysis and autonomous onboard mission planning[C]//AIAA Guidance, Navigation and Control Conference and Exhibit. USA: AIAA Inc, 2005: 1-21.

[126] OSHMAN Y, CARMI A. Attitude estimation from vector observations using genetic-algorithm-embedded quaternion particle filter[J]. Journal of Guidance, Control, and Dynamics, 2006, 29(4): 879-891.

[127] GEORGE J, TEREJANU G, SINGLA P, et al. Spacecraft attitude estimation using adaptive gaussian sum filter[J]. Journal of the Astronautical Sciences, 2009, 57(1): 31-45.

[128] LINARES R, KUMAR V, SINGLA P, et al. Information theoretic space object data association methods using an adaptive gaussian sum filter[J]. Advances in the Astronautical Sciences, 2011, 140: 665-680.

[129] LAM Q M, CRASSIDIS J L. Precision attitude determination using a multiple model adaptive estimation scheme[C]//Proceedings of the IEEE Aerospace Conference. USA: IEEE Inc, 2007: 1-12.

[130] LAM Q M, CRASSIDIS J L. Evaluation of a multiple model adaptive estimation scheme for space vehicle' s enhanced navigation solution[C]//AIAA Guidance, Navigation, and Control Conference. USA: AIAA Inc, 2007: 4690-4710.

[131] MARSCHKE J M, CRASSIDIS J L, LAM Q M, et al. Attitude estimation without rate gyros using generalized multiple model adaptive estimation[C]//AIAA Guidance, Navigation, and Control Conference and Exhibit. USA: AIAA Inc, 2009: 1-12.

[132] SHUSTER M D. Constraint in attiude estimation part I: unconstrained estimation[J]. Journal of the Astronautical Sciences, 2003, 51(1): 51-74.

[133] SHUSTER M D. Constraint in attiude estimation part II: unconstrained estimation[J]. Journal of the Astronautical Sciences, 2003, 51(1): 75-101.

[134] ZANETTI R, MAJJI M, BISHOP R H, et al. Norm-constrained Kalman filtering[J]. Journal of Guidance, Control, and Dynamics, 2009, 32(5): 1458-1465.

第2章 星图模拟与拖尾星图复原

本章首先介绍了星图模拟原理，并利用数值仿真完成了单/双视场星敏感器导航星选取；其次进一步介绍了常见的带门限灰度重心法用于星图质心提取；最后分析了星图拖尾的产生机理，并着重研究了基于维纳滤波的拖尾星图复原方法，仿真分析了拖尾参数对质心提取精度和定姿精度的影响。

2.1 星图模拟

2.1.1 天文星表及星分布

天文星表是关于天体信息的一个数据库，通常包含星号、星名、星等、对应某一基本历元的星位置(平赤经和平赤纬)、自行等数据记录。常用星表有 SAO (Smithsonian Astrophysical Observatory) 星表、HIC (Hipparcos Input Catalog) 星表、SKY2000 主星表(SKY2000 Master Star Catalog) 以及 Tycho-2 星表等。

Tycho-2 星表包含 2539913 颗银河系中最亮恒星的位置、自行、双色测光数据，其中约有 5000 颗是肉眼能够看到的，该星表涵盖了 99% 的 11.0 等以下的恒星。因此，本章采用文献[1]提供的 Tycho-2 星表作为基础星表，该星表共记录了 14581 颗星，星等范围为 -1.09~6.95，其中，亮度小于等于 6.0 星等的恒星为 5059 颗，亮度小于等于 5.5 星等的恒星为 2861 颗，亮度小于等于 5.0 星等的恒星为 1628 颗，图 2.1 给出了随星等变化的恒星分布直方图。

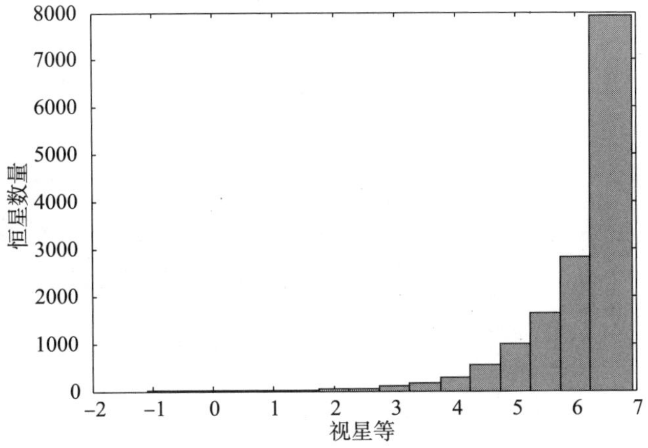

图 2.1　恒星分布直方图

2.1.2　星图模拟原理

星图模拟是在给定光轴指向的条件下，将视场范围内的导航星映射到星敏感器 CCD(或 APS)面阵的过程，它需要确定协议天球坐标系(即惯性坐标系)与星敏感器坐标系之间的转换矩阵和星敏感器坐标系与像平面坐标系的转换关系。由于星敏感器固定安装在航天器上，则从航天器体系到星敏感器坐标系的转换矩阵是确定的，为了便于计算，本章假设星敏感器的安装矩阵为单位阵，即星敏感器姿态就等同于航天器姿态。

2.1.2.1　星敏感器坐标系与像平面坐标系的转换关系

假设星敏感器的光轴为 z 方向，CCD 面阵为 xOy 平面，大小为 $N_x d_x \times N_y d_y$，N_x、N_y 为 CCD 平面上每行、每列像素的个数，d_x 和 d_y 分别为像素的宽和高，视场大小为 $\mathrm{FOV}_x \times \mathrm{FOV}_y$，图 2.2 为星敏感器测量原理图。

由图 2.2 中的几何三角关系可得

$$\angle PQO = \frac{\mathrm{FOV}_x}{2},\quad \angle RQO = \frac{\mathrm{FOV}_y}{2},\quad OP = \frac{N_x d_x}{2},\quad OR = \frac{N_y d_y}{2} \tag{2.1}$$

$$\tan\angle PQO = \frac{OP}{f},\quad \tan\angle RQO = \frac{OR}{f} \tag{2.2}$$

进一步可得出焦距为

$$f = \frac{N_x d_x}{2\tan\left(\frac{\mathrm{FOV}_x}{2}\right)} = \frac{N_y d_y}{2\tan\left(\frac{\mathrm{FOV}_y}{2}\right)} \tag{2.3}$$

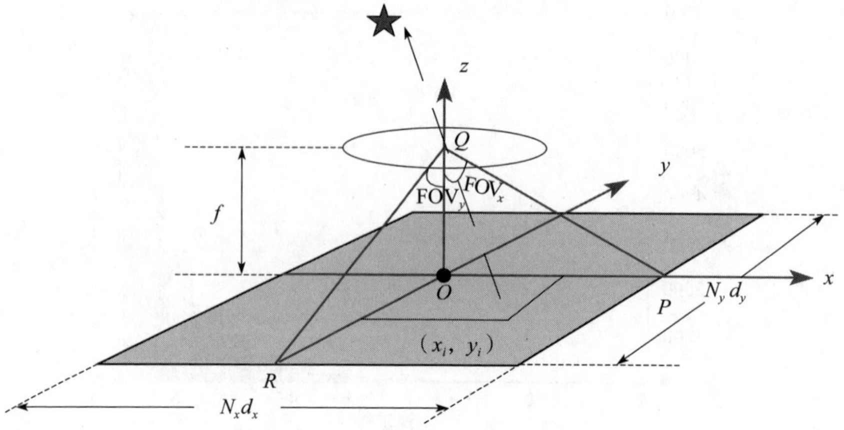

图 2.2　星敏感器测量原理

一般来说，CCD 面阵为正方形，即有 $\mathrm{FOV}_x = \mathrm{FOV}_y$，以下统一将视场大小定义为 ϑ_{FOV}。

如图 2.2 所示，星光经过光学系统在 CCD 上散焦，假设第 i 颗星像中心坐标为(x_i, y_i)，则星光观测矢量为

$$\boldsymbol{b}_i = \frac{1}{\sqrt{x_i^2+y_i^2+f^2}}\begin{bmatrix} -x_i \\ -y_i \\ f \end{bmatrix} \tag{2.4}$$

若进一步考虑中心点 O 的偏移，则式(2.4)可进一步改写为

$$\boldsymbol{b}_i = \frac{1}{\sqrt{(x_o-x_i)^2+(y_o-y_i)^2+f^2}}\begin{bmatrix} x_o-x_i \\ y_o-y_i \\ f \end{bmatrix} \tag{2.5}$$

式中：f 为焦距；(x_o, y_o)为未知的中心点偏移量，可通过地面标定试验得到[2]。

另外，若已知星光观测矢量 $\boldsymbol{b}_i$，则由式(2.4)可得恒星在像平面坐标系的质心坐标为

$$\begin{cases} x_i = -f\dfrac{b_{ix}}{b_{iz}} \\ y_i = -f\dfrac{b_{iy}}{b_{iz}} \end{cases} \tag{2.6}$$

2.1.2.2　惯性坐标系与星敏感器坐标系的转换关系

假设星敏感器的光轴在惯性坐标系中的指向为(α_0, δ_0)，x 轴与当地正北方向的夹角为 ψ_0，要使惯性坐标系与星敏感器坐标系各轴相应平行，可先绕

$O_E z_I$ 轴正向转动 α_0，然后绕新的 y' 轴正转 $90°-\delta_0$，再绕新的 z 轴正转 $180°-\psi_0$，图 2.3 绘出两坐标系间的欧拉角关系。于是，可得从惯性坐标系到星敏感器坐标系的旋转矩阵为

$$\boldsymbol{A}_{I\to b}=\boldsymbol{A}(\hat{\boldsymbol{3}},\ 180°-\psi_0)\boldsymbol{A}(\hat{\boldsymbol{2}},\ 90°-\delta_0)\boldsymbol{A}(\hat{\boldsymbol{3}},\ \alpha_0) \tag{2.7}$$

式中：$\boldsymbol{A}(\hat{\boldsymbol{2}},\cdot)$，$\boldsymbol{A}(\hat{\boldsymbol{3}},\cdot)$ 为初等转换矩阵，定义参见 5.1.1.3 节。事实上，随机产生光轴指向，即可遍历全天球，为便于计算，取 $\psi_0=180°$，式(2.7)可进一步改写为

$$\begin{aligned}\boldsymbol{A}_{I\to b}&=\boldsymbol{A}(\hat{\boldsymbol{2}},\ 90°-\delta_0)\boldsymbol{A}(\hat{\boldsymbol{3}},\ \alpha_0)\\&=\begin{bmatrix}\cos(90°-\delta_0) & 0 & -\sin(90°-\delta_0)\\ 0 & 1 & 0\\ \sin(90°-\delta_0) & 0 & \cos(90°-\delta_0)\end{bmatrix}\begin{bmatrix}\cos\alpha_0 & \sin\alpha_0 & 0\\ -\sin\alpha_0 & \cos\alpha_0 & 0\\ 0 & 0 & 1\end{bmatrix}\\&=\begin{bmatrix}\sin\delta_0\cos\alpha_0 & \sin\delta_0\sin\alpha_0 & -\cos\delta_0\\ -\sin\alpha_0 & \cos\alpha_0 & 0\\ \cos\delta_0\cos\alpha_0 & \cos\delta_0\sin\alpha_0 & \sin\delta_0\end{bmatrix}\end{aligned} \tag{2.8}$$

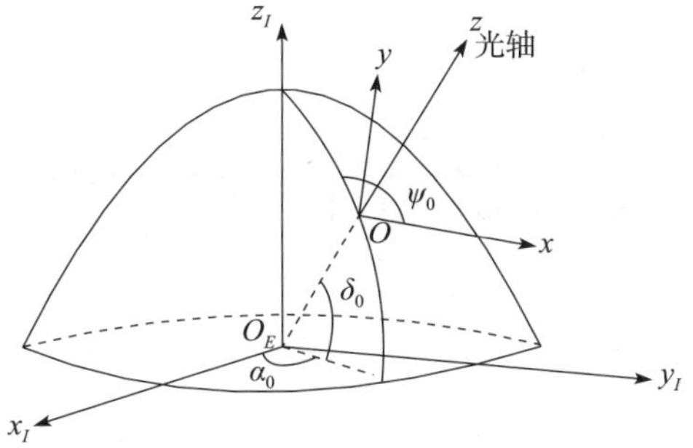

图 2.3　惯性坐标系与星敏感器坐标系欧拉角关系图

2.1.2.3　星图模拟器工作流程

设光轴指向为$(\alpha_0,\ \delta_0)$，则光轴在惯性系中的单位矢量为

$$\boldsymbol{r}_0=\begin{bmatrix}\cos\alpha_0\cos\delta_0\\ \sin\alpha_0\cos\delta_0\\ \sin\delta_0\end{bmatrix} \tag{2.9}$$

若要在该光轴指向条件下观测到某颗恒星，假设恒星的惯性矢量为 $\boldsymbol{r}_i$，则需要满足条件

$$\boldsymbol{r}_0^{\mathrm{T}}\boldsymbol{r}_i\geqslant\cos(\vartheta_{\mathrm{FOV}}/2) \tag{2.10}$$

事实上，利用式(2.8)可将恒星的惯性矢量转换到星敏感器中的观测矢量，即

$$\boldsymbol{b}_i=\begin{bmatrix}\sin\delta_0\cos\alpha_0 & \sin\delta_0\sin\alpha_0 & -\cos\delta_0\\ -\sin\alpha_0 & \cos\alpha_0 & 0\\ \cos\delta_0\cos\alpha_0 & \cos\delta_0\sin\alpha_0 & \sin\delta_0\end{bmatrix}\begin{bmatrix}\cos\alpha_i\cos\delta_i\\ \sin\alpha_i\cos\delta_i\\ \sin\delta_i\end{bmatrix} \tag{2.11}$$

然后根据视场大小的定义，若该颗恒星要被观测到，则需满足 $\boldsymbol{b}_0^{\mathrm{T}}\boldsymbol{b}_i \geqslant \cos(\vartheta_{\mathrm{FOV}}/2)$，其中，$\boldsymbol{b}_0=[0\quad 0\quad 1]^{\mathrm{T}}$ 为光轴在星敏感器体坐标系中的单位矢量，结合式(2.11)可得

$$\boldsymbol{b}_0^{\mathrm{T}}\boldsymbol{b}_i=[\cos\delta_0\cos\alpha_0\quad \cos\delta_0\sin\alpha_0\quad \sin\delta_0]\begin{bmatrix}\cos\alpha_i\cos\delta_i\\ \sin\alpha_i\cos\delta_i\\ \sin\delta_i\end{bmatrix}=\boldsymbol{r}_0^{\mathrm{T}}\boldsymbol{r}_i \tag{2.12}$$

实际上，式(2.12)恒成立，因为旋转变换保留了矢量数积，详见附录 A。需要指出的是，式(2.8)中虽然选取 $\psi_0=180°$ 这一特殊值，但由于 $180°-\psi_0$ 是绕 z 轴旋转，并不会影响矩阵 $\boldsymbol{A}_{I\mapsto b}$ 的最后一行，从而不会影响到式(2.12)的结果。

因此，星图模拟的工作流程如图 2.4 所示。

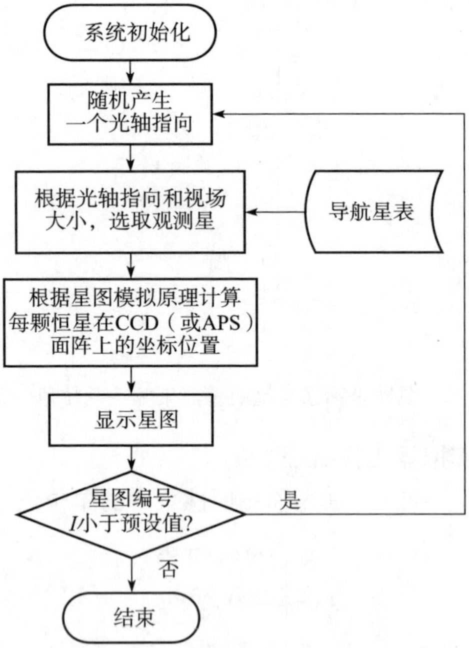

图 2.4　星图模拟工作流程图

2.1.3　导航星的选取

导航星来源于基本星表，但考虑到存储空间的大小以及星表检索速度，并

不是所有的恒星都适合做导航星，常用的导航星选取算法如星等滤波算法(Magnitude Filtering Method，MFM)。一般来说，在同等星等探测门限情况下，宽视场内可观测的恒星数量增多，可提高星图识别的概率，但在 CCD(或APS)像元数一定的情况下，窄视场星敏感器的姿态解算精度往往更高。因此，视场大小和星等探测门限(Visual Magnitude Threshold，VMT)是星敏感器比较重要的两个设计指标。

结合 2.1.2 节的星图模拟原理，利用均匀分布随机产生一个光轴指向(α_0，δ_0)，给定不同的视场大小以及星等探测门限，则视场内恒星可观测恒星数的统计值见表 2.1，图 2.5 为不同视场大小不同星等探测门限下的可观测星的平均值，蒙特卡洛仿真次数为 10000 次，Matlab 中仿真大概耗时 3.7h。

从表 2.1 和图 2.5 中可以看出，扩大视场和提高星等探测门限均可以增加视场内可观测恒星数量，但扩大视场会影响姿态解算精度，以 $N\times N$ 的 CCD 面阵为例，单个像元分辨率可近似计算为

$$\delta=\vartheta_{\mathrm{FOV}}/N \tag{2.13}$$

另外，提高星等探测门限又对星敏感器探测灵敏度提出了更高的要求，增加成本。随着 VMT 的增加，导航星总数将按指数关系迅速增加，导航星库存储容量将变大，识别特征将变得模糊，识别率也将随之降低。因此，综合考虑视场大小和星等探测门限的影响，结合表 2.1 可认为对于 $\vartheta_{\mathrm{FOV}}\geqslant 10°$ 的星敏感器而言，星等探测门限选取 5.5 或 6.0 为宜。

相比于单视场星敏感器，双视场星敏感器包含两个视场，一个为正常视场 A，另一个为偏转视场 B，A 和 B 视场的光轴相互垂直，CCD 阵列与 A 视场的光轴垂直。现定义双视场星敏感器 z 轴平行于 A 视场的光轴方向，x 轴平行于偏转视场 B 的光轴方向，y 轴构成右手坐标系，如图 2.6 所示。

假设在 A 视场内观测到一颗恒星 Star A，其惯性矢量为 $\boldsymbol{r}^{(\mathrm{A})}$，在 B 视场内观测到一颗恒星 Star B，惯性矢量为 $\boldsymbol{r}^{(\mathrm{B})}$，双视场星敏感器相对于惯性坐标系的姿态阵为 $\boldsymbol{A}_{I\to b}$，则有

$$\begin{aligned}
\boldsymbol{b}^{(\mathrm{A})}&=\boldsymbol{A}_{I\to b}\boldsymbol{r}^{(\mathrm{A})}\\
\boldsymbol{b}'^{(\mathrm{B})}&=\boldsymbol{A}_{I\to b}\boldsymbol{r}^{(\mathrm{B})}\\
\boldsymbol{b}^{(\mathrm{B})}&=\boldsymbol{f}(\boldsymbol{b}'^{(\mathrm{B})})\\
\boldsymbol{b}'^{(\mathrm{B})}&=\boldsymbol{g}(\boldsymbol{b}^{(\mathrm{B})})
\end{aligned} \tag{2.14}$$

式中：$\boldsymbol{b}^{(\mathrm{A})}$，$\boldsymbol{b}^{(\mathrm{B})}$分别为 A 视场和 B 视场内恒星在双视场星敏感器体系中的观测矢量。注意这里的测量矢量是由 CCD 阵列上提取星像点位置产生的，$\boldsymbol{b}'^{(\mathrm{B})}$是 B 视场内恒星光线未经镜面反射前在星敏感器体系中的矢量。

表 2.1　单视场星敏感器随机指向下的可观测星数量

FOV	VMT=2.5				VMT=3.0				VMT=3.5				VMT=4.0				VMT=4.5			
	Min	Max	Mean	Coverage	Min	Max	Mean	Coverage	Min	Max	Mean	Coverage	Min	Max	Mean	Coverage	Min	Max	Mean	Coverage
8°×8°	0	4	0.11	0.21%	0	5	0.21	0.60%	0	5	0.33	1.28%	0	8	0.59	3.81%	0	10	1.07	10.83%
10°×10°	0	4	0.18	0.51%	0	5	0.33	1.30%	0	7	0.52	2.97%	0	9	0.94	8.86%	0	12	1.69	23.54%
14°×14°	0	5	0.35	1.81%	0	7	0.64	4.82%	0	9	1.02	10.12%	0	13	1.84	25.39%	0	18	3.29	56.35%
18°×18°	0	6	0.56	4.29%	0	9	1.04	11.19%	0	11	1.67	22.12%	0	17	3.04	48.87%	0	23	5.47	83.51%
20°×20°	0	8	0.69	5.92%	0	10	1.28	16.09%	0	12	2.06	29.88%	0	20	3.76	60.58%	0	29	6.75	91.34%
32°×32°	0	10	1.77	24.58%	0	17	3.32	52.14%	0	22	5.35	76.85%	0	38	9.79	96.83%	3	56	17.38	100%
FOV	VMT=5.0				VMT=5.5				VMT=6.0				VMT=6.5				VMT=6.95			
	Min	Max	Mean	Coverage	Min	Max	Mean	Coverage	Min	Max	Mean	Coverage	Min	Max	Mean	Coverage	Min	Max	Mean	Coverage
8°×8°	0	15	1.86	27.86%	0	21	3.43	59.99%	0	30	6.16	90.27%	0	51	10.87	99.27%	2	72	17.85	99.98%
10°×10°	0	18	2.94	50.00%	0	32	5.39	85.35%	0	41	9.65	98.96%	3	72	16.99	100%	5	101	27.98	100%
14°×14°	0	31	5.77	85.03%	0	47	10.58	99.60%	4	65	18.90	100%	10	111	33.26	100%	19	159	54.74	100%
18°×18°	0	38	9.58	97.13%	5	67	17.55	100%	11	98	31.35	100%	22	166	55.04	100%	35	240	90.55	100%
20°×20°	0	46	11.84	99.05%	5	74	21.70	100%	13	114	38.74	100%	28	190	67.98	100%	48	282	111.8	100%
32°×32°	8	88	30.59	100%	25	139	55.74	100%	50	234	98.93	100%	92	392	173.5	100%	148	602	286.2	100%

注：表中天球覆盖率(Coverage)是指观测到 3 颗星以上(含 3 颗星)的视场比例，认为在此情况下才有可能完成星图识别。

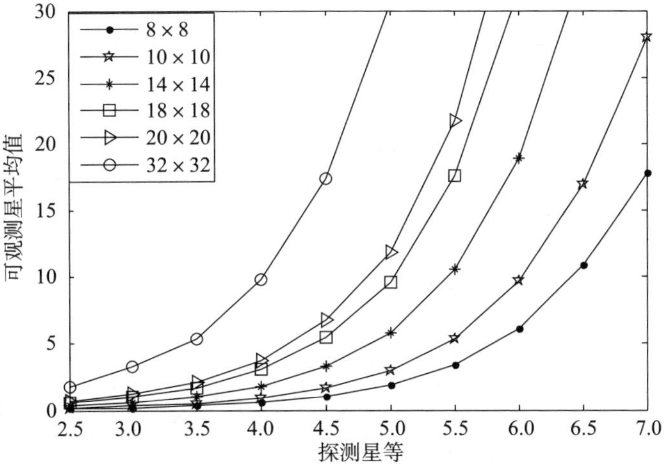

图 2.5　单视场星敏感器不同视场大小下的可观测星平均值

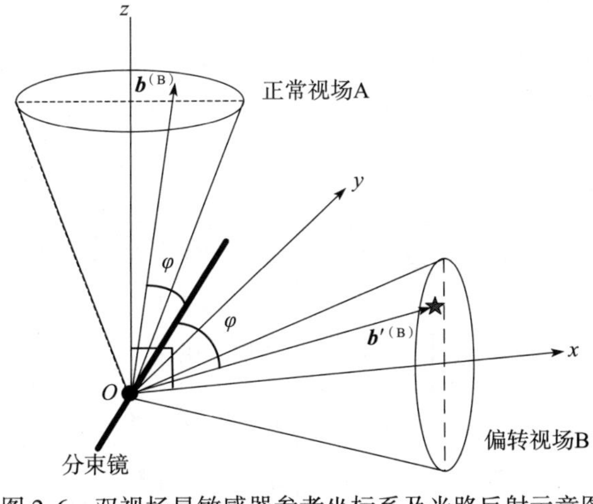

图 2.6　双视场星敏感器参考坐标系及光路反射示意图

下面进一步分析双视场星敏感器随机指向下的可观测星数量，随机产生一个 z 轴指向(α_0，δ_0)，则 A、B 视场的光轴惯性矢量分别为

$$\boldsymbol{r}_0^{(A)}=\begin{bmatrix}\cos\alpha_0\cos\delta_0\\ \sin\alpha_0\cos\delta_0\\ \sin\delta_0\end{bmatrix},\quad \boldsymbol{r}_0^{(B)}=\begin{bmatrix}\sin\delta_0\cos\alpha_0\\ \sin\delta_0\sin\alpha_0\\ -\cos\delta_0\end{bmatrix}\tag{2.15}$$

进而给定不同的视场大小以及星等探测门限，统计双视场星敏感器可观测恒星数量，蒙特卡洛仿真次数为 10000 次，仿真结果见表 2.2 和图 2.7，Matlab 中仿真大概耗时 6.9h。

表 2.2 双视场星敏感器随机指向下的可观测星数量

FOV	VMT=2.5				VMT=3.0				VMT=3.5				VMT=4.0				VMT=4.5			
	Min	Max	Mean	Coverage	Min	Max	Mean	Coverage	Min	Max	Mean	Coverage	Min	Max	Mean	Coverage	Min	Max	Mean	Coverage
4°×4°	0	3	0.06	0.05%	0	4	0.12	0.10%	0	4	0.18	0.17%	0	5	0.32	0.93%	0	7	0.58	2.99%
6°×6°	0	4	0.13	0.19%	0	6	0.25	0.54%	0	7	0.39	1.44%	0	7	0.71	4.81%	0	8	1.26	14.98%
8°×8°	0	4	0.23	0.67%	0	6	0.44	1.89%	0	7	0.68	5.11%	0	9	1.25	14.68%	0	11	2.24	35.98%
10°×10°	0	4	0.35	1.63%	0	7	0.68	5.01%	0	8	1.07	11.62%	0	10	1.97	30.37%	0	15	3.53	61.28%
12°×12°	0	6	0.50	3.31%	0	7	0.98	10.29%	0	9	1.55	20.51%	0	13	2.86	48.50%	0	17	5.11	81.86%
14°×14°	0	6	0.69	5.69%	0	8	1.34	17.60%	0	10	2.11	33.23%	0	15	3.91	64.95%	0	22	6.97	93.85%

FOV	VMT=5.0				VMT=5.5				VMT=6.0				VMT=6.5				VMT=6.95			
	Min	Max	Mean	Coverage	Min	Max	Mean	Coverage	Min	Max	Mean	Coverage	Min	Max	Mean	Coverage	Min	Max	Mean	Coverage
4°×4°	0	9	0.97	9.66%	0	11	1.81	27.37%	0	14	3.19	59.21%	0	28	5.55	88.17%	0	35	9.10	98.86%
6°×6°	0	11	2.16	35.29%	0	19	4.05	72.21%	0	25	7.16	96.11%	1	52	12.52	99.92%	5	64	20.46	100%
8°×8°	0	18	3.84	66.71%	0	26	7.12	95.05%	2	37	12.66	99.89%	5	70	22.19	100%	11	91	36.31	100%
10°×10°	0	25	6.04	88.34%	1	37	11.14	99.75%	5	54	19.85	100%	13	93	34.73	100%	22	131	56.87	100%
12°×12°	0	31	8.74	96.64%	2	47	16.03	99.99%	10	66	28.65	100%	22	121	50.05	100%	40	169	81.91	100%
14°×14°	1	42	11.92	99.26%	5	59	21.80	100%	18	85	38.92	100%	33	145	68.06	100%	59	208	111.4	100%

注：表中天球覆盖率(Coverage)是指观测到3颗星以上(含3颗星)的视场比例，认为在此情况下才有可能完成星图识别。

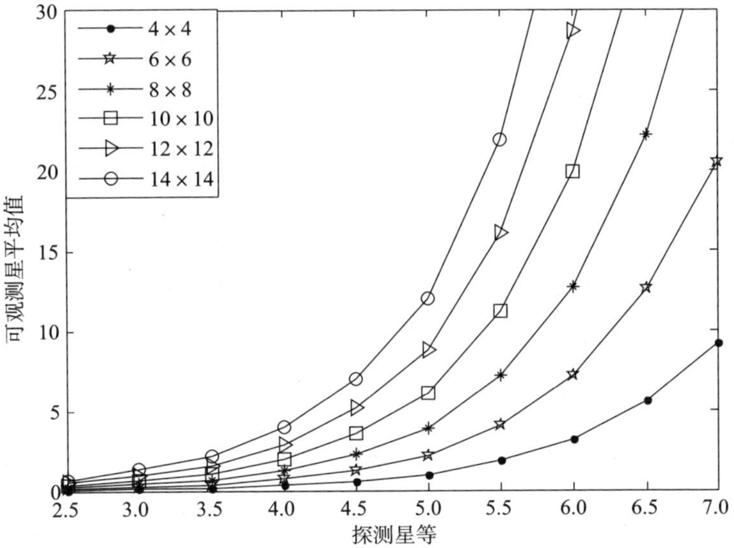

图 2.7　双视场星敏感器不同视场大小下的可观测星平均值

对比图 2.7 和图 2.5 可以看出，在观测到相同数量恒星的条件下，多视场星敏感器的视场更小，星等探测门限更低，结合表 2.2 多视场星敏感器完全可以将视场控制在 $\vartheta_{\mathrm{FOV}} \leqslant 10°$，星等探测门限选取 5.5 或 6.0 为宜。

2.2　质心提取算法

恒星可以看作无穷远的具有一定光谱特性的点光源，其在 CCD(或 APS)感光面上成像结果应该是以恒星位置为中心的点状光斑，光斑的灰度分布反映了星的亮度(即星等)。光斑的能量分布可用点扩散函数(Point Spread Function，PSF)表示，近似服从高斯分布，并且灰度值随着离中心位置的距离增加而迅速降低。为了从星图中获得更高的星体位置定位精度，常采用散焦技术，使恒星的成像点散布在几个相邻的像素窗上，窗口大小一般取 3×3、5×5、7×7，利用窗内灰度分布可得到亚像素级的星体位置，常用的方法有质心法、灰度重心法、带门限的灰度重心法、灰度平方重心法和曲面拟合法等。

如图 2.8 所示，点扩散函数用二维高斯函数表示为

$$I(x,\ y)=\frac{I_0}{2\pi\sigma_{\mathrm{PSF}}^2}\exp\left[-\frac{(x-x_c)^2+(y-y_c)^2}{2\sigma_{\mathrm{PSF}}^2}\right] \tag{2.16}$$

式中：$(x_c,\ y_c)$为高斯分布的中心点，即真实的星点质心坐标；σ_{PSF} 为高斯半

径；I_0 为星点目标处的最大幅值。由此可以看出，像素窗口内的灰度分布是关于星点质心坐标的函数，因此，可以采用灰度重心法计算星点质心坐标，公式如下：

$$\hat{x}_c = \frac{\sum_{i=1}^{n}\sum_{j=1}^{n} x_{ij} I(i,\ j)}{\sum_{i=1}^{n}\sum_{j=1}^{n} I(i,\ j)},\quad \hat{y}_c = \frac{\sum_{i=1}^{n}\sum_{j=1}^{n} y_{ij} I(i,\ j)}{\sum_{i=1}^{n}\sum_{j=1}^{n} I(i,\ j)} \tag{2.17}$$

式中：n 为像素窗口大小；$I(i,\ j)$表示第$(i,\ j)$个像素的灰度值；$(x_{ij},\ y_{ij})$为第$(i,\ j)$个像素的坐标值。

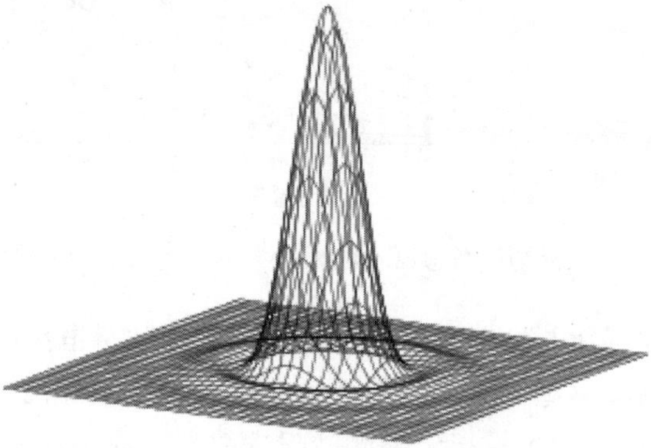

图 2.8　点扩散函数

由于图像可以看成目标和背景的叠加，若要进一步考虑背景灰度的影响，应采用带门限的灰度重心法[3]，则式(2.17)可进一步改写为

$$\hat{x}_c = \frac{\sum_{i=1}^{n}\sum_{j=1}^{n} x_{ij}(I(i,\ j)-T)}{\sum_{i=1}^{n}\sum_{j=1}^{n}(I(i,\ j)-T)},\quad \hat{y}_c = \frac{\sum_{i=1}^{n}\sum_{j=1}^{n} y_{ij}(I(i,\ j)-T)}{\sum_{i=1}^{n}\sum_{j=1}^{n}(I(i,\ j)-T)} \tag{2.18}$$

式中：T 为局部区域的背景灰度值。理论证明，带门限的灰度重心法具有更高的精度，精度可达到 1/10 像素。

当利用式(2.17)或式(2.18)完成当前目标区域的星像点质心提取，然后将该像素窗口内的灰度值全部设置为零，以避免重复提取。依此类推，搜索下一个感兴趣的区域(ROI)，直至遍历完整幅星图。

2.3　拖尾星图复原

星敏感器正常工作时，拍摄的星点光斑由于光学系统散焦呈现为 3×3 像素或 5×5 像素的弥散圆。当星图产生拖尾时，在曝光时间内星点光斑拉长变形，星光能量由集中的点状区域分散到带状区域，恒星信号变弱，星图信噪比也随之降低，从而影响星体质心提取的精度，甚至导致星敏感器无法正常定姿。因此，解决拖尾微弱恒星信号的提取问题，就是要抑制星光能量的分散或者将分散的能量汇聚起来。

2.3.1　星图拖尾的产生机理

星图拖尾本质上是由于感光介质在曝光瞬间与被摄物之间存在相对运动造成的。由于恒星距离地球很远，星光可认为是平行光，因此，星敏感器的平动不会造成星图的拖尾。当星敏感器进行姿态转动时，星光在曝光时间内会产生像移。由于曝光时间很短，可认为相对被摄物是匀速直线运动。当造成的星图像移长度超过一个像素时，就会产生拖尾。为了避免星图拖尾，星像位移应小于一个像元对光心的张角，即

$$\omega \cdot \Delta t \leqslant \arctan\left(\frac{L_{\text{pix}}}{f}\right) \approx \frac{L_{\text{pix}}}{f} \tag{2.19}$$

式中：ω 为星敏感器角速度；Δt 为曝光时间；L_{pix} 为像元尺寸；f 为星敏感器焦距。又由于

$$\tan(\vartheta_{\text{FOV}}/2) = \frac{N \cdot L_{\text{pix}}}{2 \cdot f} \tag{2.20}$$

式中：ϑ_{FOV} 为视场角；N 为成像面阵大小。将式(2.20)代入式(2.19)得到

$$\omega \leqslant \frac{2\times\tan(\vartheta_{\text{FOV}}/2)}{N \cdot \Delta t} \tag{2.21}$$

星敏感器参数确定后，其不产生拖尾的最大姿态角速度由上式给出。另外，载体由于受空间扰动和自身工作的影响一般都会伴随着不同程度的角振动，导致星敏感器透镜系统的抖动，星图成像也会由于振动产生像移，在成像面阵上表现为线振动，可用简谐振动表示。

2.3.2　基于维纳滤波的拖尾星图复原方法

机械式、光学式、电子式像移补偿法可以使曝光过程中的星相机和被摄物体保持相对静止从而抑制拖尾现象，但存在体积大、成本高、结构复杂、应用不灵活等缺陷。图像式像移补偿法是对已生成的数字图像进行后期处理来消除拖尾，具有成本低、算法成熟、应用灵活等优点。本节主要研究了计算量小、具有优良抗噪性能的维纳滤波方法在复原拖尾星图上的应用。

2.3.2.1 维纳滤波图像复原技术

维纳滤波是建立在认为图像和噪声是随机过程的基础上，使得复原图像与原始图像的均方误差最小。维纳滤波可以自动抑制噪声的放大，且噪声越强，对噪声的抑制效果越明显。频域中的表达式为

$$\hat{F}(u,v)=\left[\frac{1}{H(u,v)}\times\frac{|H(u,v)|^2}{|H(u,v)|^2+[S_n(u,v)/S_f(u,v)]}\right]G(u,v) \tag{2.22}$$

其中，$H(u,v)$是退化函数；$G(u,v)$是退化图像；$\hat{F}(u,v)$是复原图像；$S_n(u,v)$和$S_f(u,v)$分别是噪声功率谱和未退化图像功率谱。然而，实际应用中，由于不知道未退化图像的功率谱经常将图像的信噪比设为一个特殊的常量K，其值一般在0.0001~0.1之间选取。当要复原的图像不含噪声时，K值越大，复原的图像清晰度越差，且图像发暗；K值越小，复原图像清晰度越好。

维纳滤波是由Wiener提出的，最初应用于一维信号，后又用来处理二维信号，且都取得了良好的效果。维纳滤波的复原效果良好，具有优良的抗噪性能，且计算量较小，尤其在图像复原领域得到了广泛的应用，并不断地发展和改进，是许多高效复原算法形成的基础。图2.9给出了图像运动模糊的退化过程。

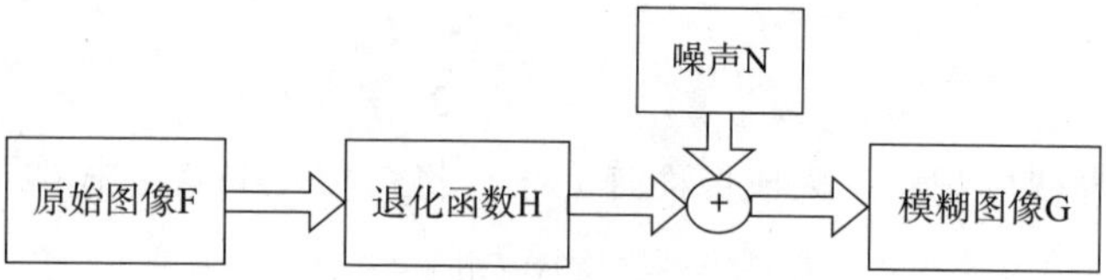

图2.9 图像运动模糊退化过程

退化函数在时间域的表达式称为点扩散函数。一维匀速直线运动的点扩散函数PSF形式为

$$h_1(x)=\begin{cases}1/L, & 0\leqslant x<L\\ 0, & \text{其他}\end{cases} \tag{2.23}$$

式中：L为图像模糊尺度。

二维匀速直线运动的点扩散函数PSF形式为

$$h_1(x,y)=\begin{cases}\dfrac{1}{L_{xy}}, & x\sin|\alpha|-y\cos|\alpha|=0,\quad 0\leqslant x<L_{xy}\cos|\alpha|\\ 0, & \text{其他}\end{cases} \tag{2.24}$$

式中：α为运动方向与x轴夹角。

一维快速简谐振动的PSF与振动频率无关[4]，可表示为

$$h_2(x_v)=\begin{cases}\dfrac{1}{\pi\sqrt{A_v^2-x_v^2}}, & -A_v\leqslant x_v\leqslant A_v\\ 0, & \text{其他}\end{cases} \tag{2.25}$$

式中：x_v 为振动方向的位移。

2.3.2.2　星光模拟与灰度转换

实际观测星图中，星体目标的直径一般为 3~5 个像元的大小，且灰度近似服从高斯分布[5]。星像的能量分布近似用二维高斯函数表示为

$$I(x,\ y)=\frac{I_0}{2\pi\sigma_{\mathrm{PSF}}^2}\exp\left[-\frac{(x-x_c)^2+(y-y_c)^2}{2\sigma_{\mathrm{PSF}}^2}\right] \tag{2.26}$$

式中：I_0 为曝光时间内投射到成像面阵上的光信号总能量；σ_{PSF} 为星弥散度；$(x_c,\ y_c)$ 为星点像能量中心，即质心。

在星图模拟算法中，亮度就用灰度来表示。星等值越小，其亮度越强，对应的灰度值越大。常用导航星的星等值一般在 0~7 之间。计算机有 256 个灰度级，规定星等值为 5(具体值可根据所选星表确定)时，对应灰度为 255，星等值小于 5 时，灰度值均设为 255。星等值大于 5 时，根据星等降低一等，亮度增加 2.51 倍的关系来设定恒星的灰度，则星等 m 与灰度 g 的转换关系式为[6]

$$g=\begin{cases}\dfrac{255}{(2.51)^{m-5}}, & m\geqslant 5\\ 255, & m<5\end{cases} \tag{2.27}$$

2.3.2.3　滤波参数 *K* 的选取

对于匀速直线运动造成的模糊，其模糊长度和模糊方向分别设定为：$L=10$ 像素，$\alpha=45°$。对于简谐振动引起的模糊，振幅和振动方向分别设定为：$A_v=3$ 像素，$\beta=0°$。图 2.10~图 2.12 分别为原始星图、拖尾星图和复原星图的局部放大图，图中左下角给出圈中星像的灰度柱状图。

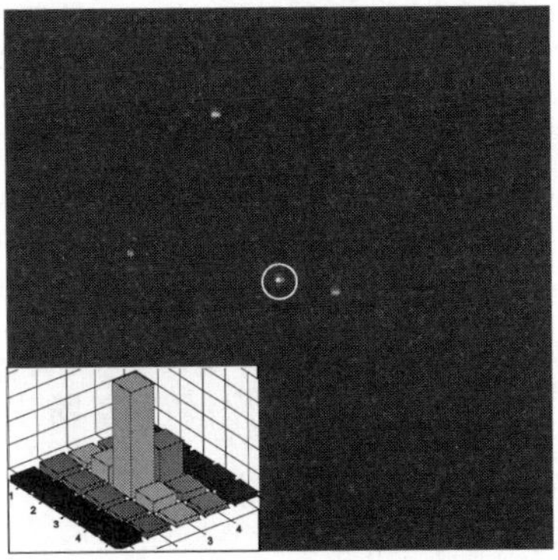

图 2.10　原始星图

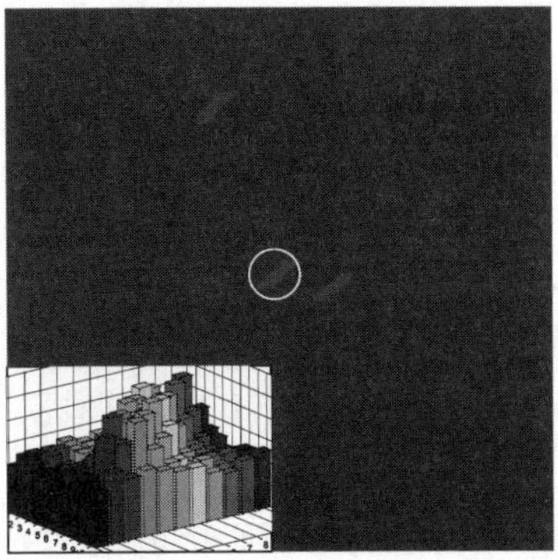

图 2.11　拖尾星图

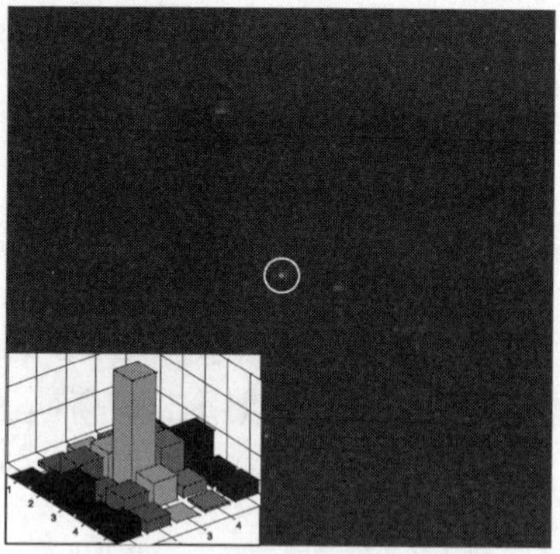

图 2.12 复原星图

由于星图的信号集中在少数星点上，而星空背景可通过设定适当的门限滤除，因而选取以星点为中心的5×5像素区域为有效区域，给出了不同滤波参数下的复原星图及拖尾星图相对于原始星图的归一化均方误差（Normalized Mean Square Error，NMSE）和峰值信噪比（Peak Signal to Noise Ratio，PSNR），具体数据见表2.3。图2.12是在$K=0.001$时的复原星图，在所选K值中其相对于原始星图的均方误差最小，峰值信噪比最高，且两项指标远远优于拖尾星图。这说明了滤波参数选取$K=0.001$复原效果相对是最好的，且经复原后星图相对拖尾星图质量有了很大的改善。

表2.3 不同K值复原星图及拖尾星图质量评价

质量评价	$K=0.01$	$K=0.001$	$K=0.0001$	拖尾星图
NMSE	0.3475	0.1622	0.1743	0.6576
PSNR	19.52	22.66	22.59	16.70

2.3.3 仿真实验与分析

1. 仿真参数

运动拖尾过程中引入的加性噪声选择均值为0，方差为0.003（星图灰度值范围为0~1，0表示黑，1表示白）的高斯白噪声。维纳滤波的噪声信号比设定为$K=0.001$。星敏感器曝光时间为0.2s，成像面阵大小为512×512，像元大小为15μm，采用14°×14°的方视场，焦距为31.27mm，星点弥散的高斯半径为0.45，星等门限选取5.5。

2. 拖尾参数对质心提取精度的影响

星敏感器的光轴随机指向天球，产生任意的星图，进行蒙特卡洛打靶（每种条件下仿真 300 次)，比较拖尾星图和复原星图的质心提取精度[7]、误识别星的个数和星图识别失败率。

其中质心提取精度为正确识别的星点的平均精度。误识别星个数指平均每幅星图误提取出原星图中没有的星点的个数。星图识别失败分两种情况，一种指提取出的星点与原星图不匹配，另一种指没有提取出星点。

由表 2.4 和表 2.5 可以看出，对于只由匀速直线运动造成的拖尾，随着模糊长度的增加，无论是拖尾星图还是复原星图，质心提取的精度都呈下降趋势。但复原后的星图的质心提取精度明显高于拖尾星图，误识别星个数和星图识别失败概率也远远低于拖尾星图。

表 2.4　当 $A_v=0$，$\alpha=0°$ 时的质心提取精度随 L 的变化 1

L/pixel		2	4	6	8	10
拖尾星图	质心精度/pixel	0.2045	0.2590	0.3315	0.3747	0.4038
	误识别星个数	0.0239	0.1331	0.1806	0.5174	0.9588
	识别失败率	2.33%	2.67%	2.67%	5.00%	6.00%
复原星图	质心精度/pixel	0.1485	0.1540	0.1728	0.1855	0.1984
	误识别星个数	0	0	0.0034	0	0
	识别失败率	1.00%	3.67%	3.00%	2.67%	2.33%

表 2.5　当 $A_v=0$，$\alpha=0°$ 时的质心提取精度随 L 的变化 2

L/pixel		12	20	30	40	50
拖尾星图	质心精度/pixel	0.4133	0.5096	0.5963	0.7144	0.7336
	误识别星个数	1.1988	1.9004	3.3477	4.5823	5.0388
	识别失败率	6.67%	17.00%	41.33%	69.33%	76.67%
复原星图	质心精度/pixel	0.2084	0.2435	0.2634	0.3025	0.3151
	误识别星个数	0.0034	0.0304	0.0441	0.1582	0.3805
	识别失败率	1.67%	2.00%	2.33%	3.00%	2.33%

表 2.6 和表 2.7 分别反映了匀速直线运动产生的拖尾的模糊方向和简谐振动振幅大小对星图拖尾的影响。对于拖尾星图，模糊方向的变化不改变星图的质心提取的精度，但会明显影响质心提取误差在 x，y 方向的分布。经复原后

的星图，质心提取误差在 x，y 方向的分布几乎不受模糊方向变化的影响。另外，模糊方向的改变对星图的误识别星个数和识别失败率无明显影响，但复原星图的识别失败率略高于拖尾星图，这是由于表中数据都是统计得来，会存在一些随机性影响，由于两者相差不大，可以认为在合理范围之内。

表 2.6　当 $A_v=0$，$L=6$ 时的质心提取精度随 α 的变化

α/(°)		0	15	30	45	60	75	90
拖尾星图	横向精度像素	0.2662	0.2959	0.3148	0.2562	0.2093	0.1534	0.1564
	纵向精度像素	0.1627	0.1504	0.2151	0.2570	0.3077	0.3089	0.2759
	误识别星个数	0.1926	0.1627	0.1683	0.1115	0.1754	0.1020	0.2095
	识别失败率	2.00%	3.00%	3.00%	4.67%	2.00%	2.00%	2.33%
复原星图	横向精度	0.1142	0.1085	0.0818	0.0926	0.0792	0.0969	0.1064
	纵向精度	0.1100	0.1031	0.0870	0.0897	0.0833	0.1144	0.1066
	误识别星个数	0	0	0	0	0	0.0035	0.0034
	识别失败率	3.67%	2.33%	6.33%	4.33%	4.67%	4.00%	2.00%

表 2.7　当 $L=6$，$\alpha=45°$，$\beta=0°$时的质心提取精度随 A_v 的变化

A_v/pixel		3	4	5	6	7
拖尾星图	质心精度/pixel	0.4219	0.7950	1.4277	1.5096	1.6855
	误识别星个数	0.0934	1.0304	4.6917	6.3010	13
	识别失败率	3.67%	12.33%	55.67%	65.67%	99.67%
复原星图	质心精度/pixel	0.1760	0.1617	0.1582	0.1640	0.1692
	误识别星个数	0	0	0	0	0
	识别失败率	2.00%	1.00%	1.00%	3.00%	3.00%

对于简谐振动造成的模糊，随着振幅的增大，拖尾星图的质心提取精度随之降低，星图识别失败率也随之增大。尤其在振幅大于 4 像元后，星图识别失败率急剧增加，而对于复原星图，随着振幅的增大，质心提取精度基本保持在 0.16 像元左右，星图识别失败率则控制在 3%以内。

3. 拖尾参数对定姿精度的影响

星敏感器体坐标系相对惯性坐标系的姿态用三个欧拉角描述，按 313 转序

分别为 φ，ψ，γ，星敏感器三轴初始姿态为[116.5651° 96.3794° 63.4349°]^T，角速度矢量 $\boldsymbol{\omega}$=[0.05 0.07 0.06]^{T}rad/s，星敏感器采样 100 次，仿真得到在拖尾方向 α=45°条件下，三轴定姿精度[8]随模糊长度和振动幅值的变化情况。

图 2.13～图 2.15 显示，随着模糊长度的增加，拖尾星图的三轴定姿精度显著下降，而复原星图则一直能稳定地保持在比较高的定姿精度。同时，随着振动幅值的增加，拖尾星图的定姿精度也随之下降，而复原星图精度几乎不受影响。拖尾星图不仅定姿精度随着模糊长度和振动幅值的增加而下降，而且星图识别失败率也急剧增加。复原后星图的 φ 角定姿精度达到 0.03°，ψ 角和 γ 角定姿精度达到 0.003°。综上所述，经复原后星图的定姿效果明显优于拖尾星图的定姿效果。

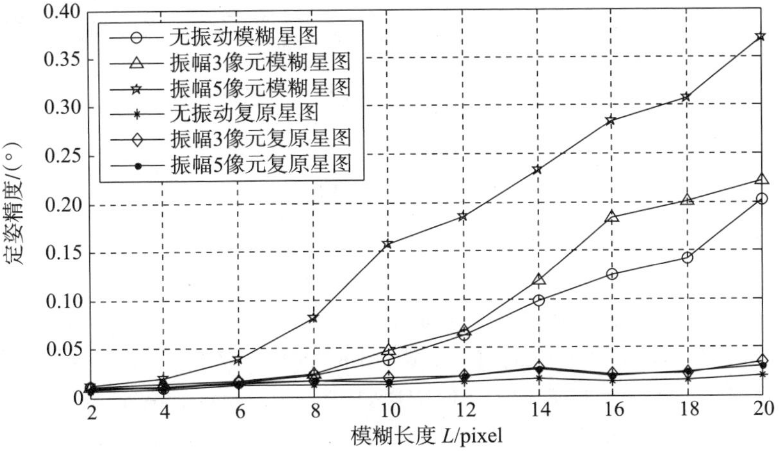

图 2.13　φ 角定姿精度随模糊长度的变化

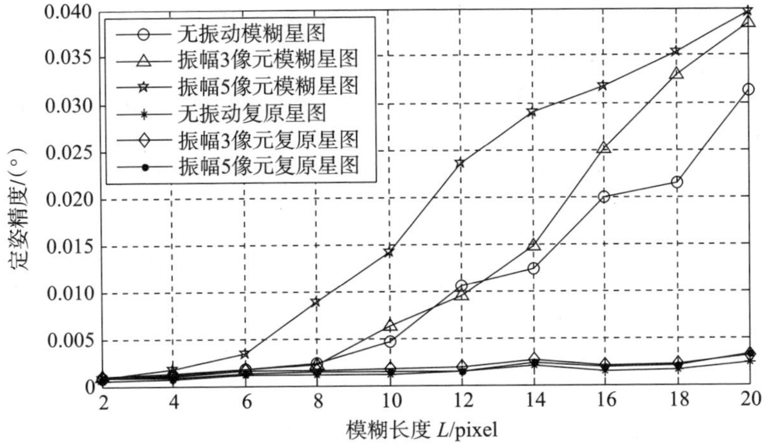

图 2.14　ψ 角定姿精度随模糊长度的变化

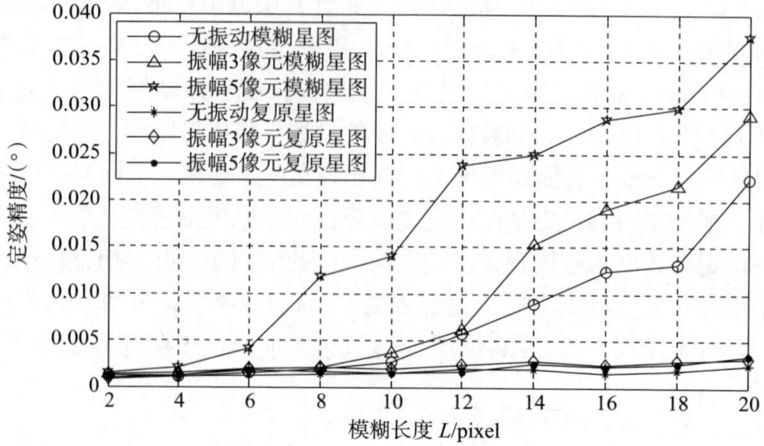

图 2.15　γ 角定姿精度随模糊长度的变化

参考文献

[1] http://lzq. lamost. org/catalog. html.

[2] SAMAAN M A. Toward fast and more accurate star tracker sensor using recursive centroiding and star identification[D]. USA：Texas A&M University，2003.

[3] SHALOM E，ALEXANDER J W，STANTON R H，et al. Acquistion and tracking algorithms for the astros star tracker[C]//The Annual Rocky Mountain Guidance and Control Conference. USA：AIAA Inc，1985：375-398.

[4] 温昌礼．平台角振动对图像测量系统的影响[D]．长沙：国防科学技术大学，2006.

[5] 王海涌，周文睿，赵彦武，等．简易高斯灰度扩散模型的误差分析及适用性研究[J]．光学学报，2012，32(7)：115-120.

[6] 欧阳桦．基于 CCD 星敏感器的星图模拟和导航星提取的方法研究[D]．武汉：华中科技大学，2005.

[7] 李光蕊．基于高斯分布的星点图像亚像元定位算法研究[J]．光学技术，2011，37(1)：57-61.

[8] JUNKINS J L，WHITE C C，TURNER J D，et al. Star pattern recognition for real time attitude determination[J]. Journal of the Astronautical Sciences，1977，25：251-270.

第3章 星图识别

星图识别是星敏感器进行姿态确定的前提，根据星敏感器的工作方式可将星图识别方法分为全天球星图识别方法和星跟踪识别方法，前者适用于星敏感器姿态捕获阶段，后者适用于姿态跟踪阶段。

本章首先介绍了 ***K*** 矢量查找技术，研究了“太空迷失”条件下的基于星棱锥的全自主星图识别算法，仿真结果表明该星图识别算法识别速度快，识别成功率高达99%以上，能够实现全天球自主星图识别。其次，介绍了星跟踪识别方法的基本原理，并提出了一种基于星邻域的星图快速跟踪识别方法，该方法利用相邻星构成星邻域矩阵，搜索新进入视场的导航星，缩小了搜索范围，节省了识别时间。

3.1 在“太空迷失”条件下的全自主星图识别方法

3.1.1 *K* 矢量查找技术

K 矢量查找技术[1-3]的核心是预先构造单调的 ***K*** 矢量查找表，建立 ***K*** 矢量与待搜索数据矢量的映射表，从而节省查找时间。具体方法如下：对于一个长度为 n 的数据矢量 $\boldsymbol{y}$，将其按升序排列成矢量 $\boldsymbol{s}$，即有 $s(i)\leqslant s(i+1)$，$i=1, 2, \cdots, n-1$，这里 $s(i)$ 对应于矢量 $\boldsymbol{y}$ 中的 $y(\boldsymbol{I}(i))$，其中 $\boldsymbol{I}$ 为一个长度为 n 的整数矢量，于是有 $y_{\min}=\min\limits_{i} y(i)=s(1)$，$y_{\max}=\max\limits_{i} y(i)=s(n)$。显然，端点 $(1, y_{\min})$ 和 $(n, y_{\max})$ 之间具有 $n-1$ 个间隔，平均每个间隔值为 $d=(y_{\max}-y_{\min})/(n-1)$，平均每个间隔含有的数据个数为 $E_0=n/(n-1)$。考虑到机器计算精度等误差因素的影响，令一直线通过端点 $(1, y_{\min}-\xi)$ 和 $(n, y_{\max}+\xi)$，其中，$\xi=\varepsilon\max[|y_{\min}|, |y_{\max}|]$，$\varepsilon$ 为相对机器精度($\varepsilon\approx 2.22\times 10^{-16}$)，这样就可以充分包含两个数据端

点。于是，直线方程可以写成如下形式：

$$z(x)=mx+q \tag{3.1}$$

式中：

$$m=\frac{y_{\max}-y_{\min}+2\xi}{n-1},\quad q=y_{\min}-m-\xi \tag{3.2}$$

令 $k(1)=0$，$k(n)=n$，整数矢量 $\boldsymbol{k}$ 的构造方式如下：

$$\boldsymbol{K}(i)=j,\quad s(j)\leqslant z(i)<s(j+1) \tag{3.3}$$

其中，序号 i 为 2 到 $n-1$，实际上，$\boldsymbol{K}(i)$ 表示矢量 $\boldsymbol{s}$ 中小于 $z(i)$ 的元素个数。

一旦构造好 $\boldsymbol{K}$ 矢量，就可以估计区间范围 $[y_a,\ y_b]$ 中所对应的 $\boldsymbol{K}$ 矢量：

$$i_b=\left\lfloor\frac{y_a-q}{m}\right\rfloor,\quad i_t=\left\lceil\frac{y_b-q}{m}\right\rceil \tag{3.4}$$

其中，函数 $\lfloor x\rfloor$ 表示小于 x 的最大整数；$\lceil x\rceil$ 表示大于 x 的最小整数。一旦计算得到 i_b 和 i_t，则进一步可得

$$k_{\text{start}}=\boldsymbol{K}(i_b)+1,\quad k_{\text{end}}=\boldsymbol{K}(i_t) \tag{3.5}$$

利用 k_{start} 和 k_{end} 可直接查找到元素 $y(i)\in[y_a,\ y_b]$，即所有的 $y(\boldsymbol{I}(k))$ 元素，$k\in[k_{\text{start}},\ k_{\text{end}}]$。

3.1.2 基于星棱锥的星图识别算法

3.1.2.1 基于 K 矢量的星对识别技术

常见的星图识别特征包括恒星的亮度、恒星间的角距、光谱特性等，但从测量精度上来说，仅有角距特征最为精确可靠，因此，本节仅采用角距作为识别特征。为了构造 $\boldsymbol{K}$ 矢量查找表数据，需要预先计算导航星图中所有星对角距的余弦值，方便起见，以 i，j 星为例，则有

$$\mu_{ij}=\cos\theta_{ij}=\boldsymbol{r}_i\cdot\boldsymbol{r}_j=r_{ix}r_{jx}+r_{iy}r_{jy}+r_{iz}r_{jz}$$
$$\boldsymbol{P}=\{\cdots,\ \cos\theta_{ij},\ \cdots\}^{\mathrm{T}},\quad \boldsymbol{I}_p=\{\cdots,\ i,\ \cdots\}^{\mathrm{T}},\quad \boldsymbol{J}_p=\{\cdots,\ j,\ \cdots\}^{\mathrm{T}} \tag{3.6}$$

式中：$\boldsymbol{P}$ 为视场内可能存在的导航星对角距余弦值组成的一维矢量；$\boldsymbol{I}_p$ 和 $\boldsymbol{J}_p$ 为导航星表中与之对应的索引矢量。对于视场大小为 ϑ_{FOV} 的星敏感器来说，$\boldsymbol{K}$ 矢量查找表中存储的星对角距数据满足条件

$$\cos\vartheta_{\text{FOV}}\leqslant\mu_{ij}=\cos\theta_{ij}\leqslant\cos\vartheta_{\min} \tag{3.7}$$

其中，$\vartheta_{\min}$ 用于剔除在 APS 阵列上成像很近的两颗星的星对角距值，对于这种情况，由于两颗星在惯性系中的角距值本身比较小，加之考虑到质心提取精度，一般认为此时星敏感器测量的角距相对误差比较大，因此，该星对角距并不用于星图识别，可从 $\boldsymbol{K}$ 矢量查找表中直接剔除以节约存储空间(并不是从导航星表中剔除这两颗导航星)。考虑最大以 10×10 像素窗口提取星像点质心，

则对于 $N\times N$ 的 APS 阵列可以初步设计

$$\vartheta_{\min}=\frac{\vartheta_{\mathrm{FOV}}}{N}\times 20 \tag{3.8}$$

进一步将矢量 $\boldsymbol{P}$ 的元素按照升序排序，则可得

$$\boldsymbol{Y}=\{\cdots P(k)\cdots P(l)\cdots\}^{\mathrm{T}},\quad \boldsymbol{I}=\{\cdots I_p(k)\cdots I_p(l)\cdots\}^{\mathrm{T}},\quad \boldsymbol{J}=\{\cdots J_p(k)\cdots J_p(l)\cdots\}^{\mathrm{T}} \tag{3.9}$$

根据 3.1.1 节中介绍的 $\boldsymbol{K}$ 矢量查找技术，连接两个端点 $(1,\ Y(1))$ 和 $(n,\ Y(n))$ 构成一直线，平均每个元素 $Y(i)$ 所占的步长为 $D=[Y(n)-Y(1)]/(n-1)$，进一步考虑稍微倾斜的直线连接端点 $(1,\ Y(1)-D/2)$ 和 $(n,\ Y(n)+D/2)$，直线方程为

$$\cos\theta_{ij}=a_1k+a_0 \tag{3.10}$$

式中：

$$a_1=nD/(n-1),\quad a_0=Y(1)-a_1-D/2 \tag{3.11}$$

其中，$i=1\sim n$，以 $\boldsymbol{K}(1)=0$ 作为开始，按照以下形式构造 $\boldsymbol{K}$ 矢量：

$$\boldsymbol{K}(i)=j,\quad \boldsymbol{Y}(j)\leqslant a_1i+a_0\leqslant \boldsymbol{Y}(j+1) \tag{3.12}$$

显然，$\boldsymbol{K}$ 矢量中的第 i 个元素即表示矢量 $\boldsymbol{Y}(i)$ 中小于 a_1i+a_0 值的个数。

假设在星敏感器上成像的两颗导航星 $(p,\ q)$ 构成星对，测量得到的角距为 θ，角距测量误差为 ε，则导航星 $(p,\ q)$ 在 $\boldsymbol{K}$ 矢量查找表中的位置为

$$\begin{cases} i_b=\lfloor[\cos(\theta+\varepsilon)-a_0]/a_1\rfloor \\ i_t=\lceil[\cos(\theta-\varepsilon)-a_0]/a_1\rceil \end{cases} \tag{3.13}$$

将 i_b 和 i_t 代入 $\boldsymbol{K}$ 矢量就可以直接得到 $\boldsymbol{K}$ 矢量查找表中的序号，即

$$\begin{cases} k_{\mathrm{start}}=\boldsymbol{K}(i_b)+1 \\ k_{\mathrm{end}}=\boldsymbol{K}(i_t) \end{cases} \tag{3.14}$$

其中，k_{start} 和 k_{end} 表示索引集的端点，即有

$$k_{\mathrm{start}}\leqslant k\leqslant k_{\mathrm{end}} \tag{3.15}$$

该索引集包含了导航星表中星对角距在区间范围 $[\theta-\varepsilon,\ \theta+\varepsilon]$ 的所有可能组合。分析可知，ε 的选择将直接影响 $\boldsymbol{K}$ 矢量查找的结果，若 ε 过小，则可能找不到匹配结果；若 ε 过大，则可能找到过多的匹配结果从而导致整个星图匹配结果不唯一，因此，需要结合质心提取精度选择大小合适的 ε。由前面的知识可知单星测量精度为 $\sigma_{\mathrm{star}}(1\sigma)$，那么星对角距测量精度为 $\sqrt{2}\sigma_{\mathrm{star}}(1\sigma)$，这里选择 $\varepsilon=3\sqrt{2}\sigma_{\mathrm{star}}(3\sigma)$，可认为星对 $(p,\ q)$ 的 k 真值落在 $[k_{\mathrm{start}},\ k_{\mathrm{end}}]$ 的概率为 99.74%，其中 σ_{star} 的计算公式见式(4.1)。

对于单视场星敏感器而言，结合表 2.1 可设计如下单视场星敏感器技术参

数：VMT = 5. 5，$\vartheta_{\mathrm{FOV}}=14°$，CMOS APS 为 1024×1024 阵列，像元大小为 15μm×15μm，焦距 f=62. 5mm。于是可得 $\vartheta_{\min}=0.3°$，导航星表中共有 2861 颗恒星，视场内可能被观测的导航星对有 70206 组，利用门限值 $\vartheta_{\min}$ 剔除 124 组较小的星对角距，共有 70082 组星对用于构造 ***K*** 矢量查找表，具体形式见表 3. 1。

表 3. 1　单视场星敏感器的 ***K*** 矢量查找表(按角距余弦值大小排序)

序号 k	导航星 i	导航星 j	$\mu_{ij}=\cos\theta_{ij}$
1	1894	2040	0. 970296046
2	180	504	0. 970296183
3	2218	2515	0. 970297144
…	…	…	…
70080	2083	2084	0. 999984496
70081	490	492	0. 999985808
70082	2350	2351	0. 999986237

根据式(3. 10)和式(3. 11)可得

$$D=(0.999986237-0.970296046)/70081=4.236\times10^{-7} \tag{3.16}$$

$$a_1=70082\times D/70081=4.236\times10^{-7} \tag{3.17}$$

$$a_0=0.970296046-a_1-D/2=0.970295 \tag{3.18}$$

进一步结合表 3. 1 和式(3. 12)就可以构造出 ***K*** 矢量，形式见表 3. 2。

表 3. 2　单视场星敏感器的 ***K*** 矢量表

i	1	2	3	4	…	70080	70081	70082
$K(i)$	0	2	2	2	…	70080	70081	70082

3. 1. 2. 2　基于星棱锥的星图识别算法

传统的三角形匹配算法最大缺点是冗余和误匹配的概率较大，但若在基本的星三角“i-j-k”匹配模式上，再加上一颗确认星“r”构成星棱锥(图 3. 1)，则此时的冗余和误匹配率将急剧下降(前提是保证此时识别的星棱锥唯一)，Mortari[4] 从数学上证明了此匹配模式下误匹配的概率仅为 1×10^{-7}。

星棱锥匹配算法的关键是扫描视场中的星棱锥构型并进行唯一匹配，具体流程如下。

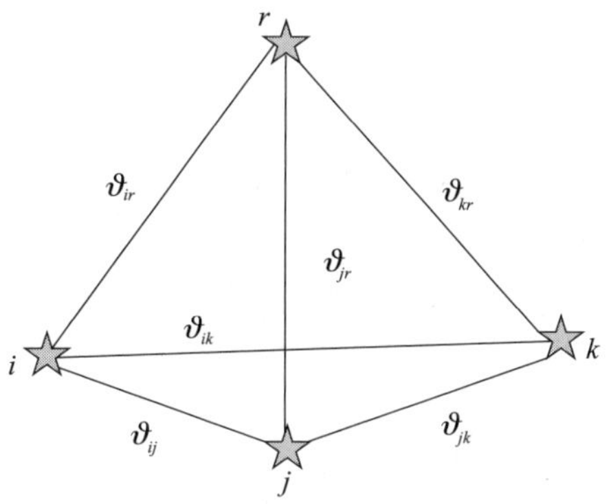

图 3.1　基本的星三角与锥点

Step1：根据视场中观测星数目 n 选取星图识别程序。若 $n<3$，不进行星图识别，返回；若 $n=3$，则采用星三角匹配算法，若匹配结果唯一，则确定当前的三颗星编号，否则，不进行星图识别，返回；若 $n>3$，采用星棱锥匹配算法，下转 Step2。

Step2：选取视场中的一个星三角，采用星三角匹配算法，若匹配结果唯一，则定义此星三角为基准星三角"i-j-k"，下转 Step3；否则，扫描下一个星三角，直至找到一个匹配结果唯一的星三角，若所有星三角均不能满足要求，则不进行星图识别，返回。

Step3：选取一颗参考星"r"与基准星三角"i-j-k"构成星棱锥构型，若匹配结果唯一，下转 Step4；否则，扫描下一颗参考星，直至找到一个匹配结果唯一的星棱锥，若所有的参考星均不能与 Step2 中选取的基准星三角构成唯一的星棱锥，则上转 Step2，寻找另外一个基准星三角。

Step4：若完成 Step3，则认为当前识别的四颗星具有极高的置信度，利用星棱锥"i-j-k-r"确认视场中的剩余星，直至结束。

特别指出的是，在执行 Step2 时，可利用旋转方向一致性检验滤掉许多镜像冗余星三角，基本思想是判断是否满足公式

$$\mathrm{sign}[\boldsymbol{b}_i^{\mathrm{T}}(\boldsymbol{b}_j\times\boldsymbol{b}_k)]=\mathrm{sign}[\boldsymbol{r}_I^{\mathrm{T}}(\boldsymbol{r}_J\times\boldsymbol{r}_K)] \tag{3.19}$$

实践表明，该方法可滤掉大量旋转方向相反的伪匹配星三角。另外，根据前述 $\vartheta_{\min}$ 的定义，可知需要在 Step2 和 Step3 中增加 $\vartheta_{\min}$ 的限制，若当前扫描的星三角或星棱锥中只要有一个角距小于 $\vartheta_{\min}$，则不对其进行星图识别，继续扫描下一个星三角或星棱锥。综上所述，可以发现星棱锥匹配算法始终强调匹配的唯一性，若不能保证唯一性，宁可不进行星图识别，也要保证识别的准确度，这也是星棱锥算法识别成功率高的保证，图 3.2 为星棱锥匹配算法流程图。

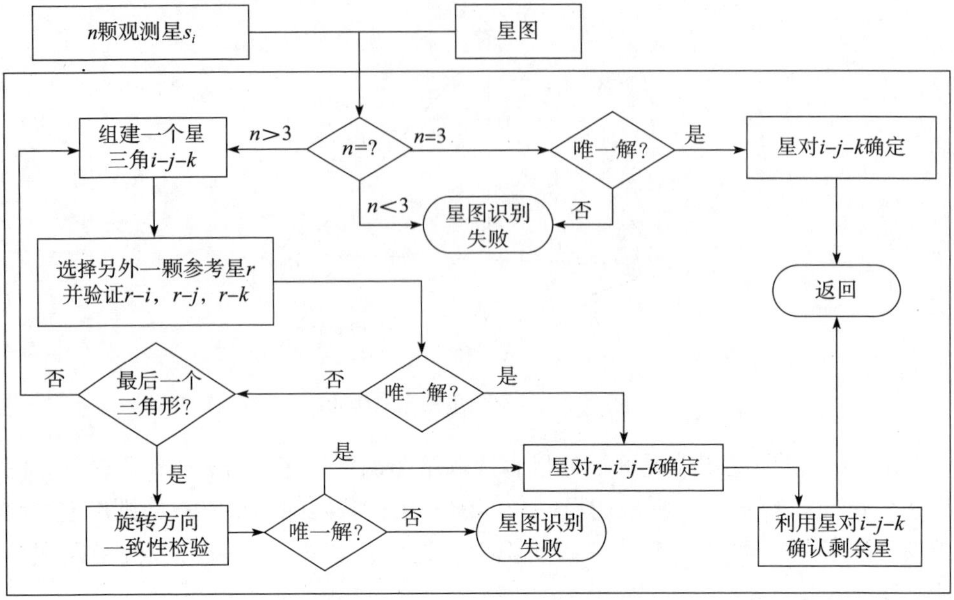

图 3.2　星棱锥匹配算法流程图

在 Step2 中，根据“i–j”测量角距和式(3.14)可计算得到一系列 $\boldsymbol{k}^{ij} \in [k_{\text{start}}^{ij}, k_{\text{end}}^{ij}]$，那么利用 $\boldsymbol{K}$ 矢量查找表可得潜在的星对组合 $\boldsymbol{I}(\boldsymbol{k}^{ij})$ 和 $\boldsymbol{J}(\boldsymbol{k}^{ij})$，同理可得“$j$–$k$”，“$k$–$i$”的潜在星对组合，将它们写入一个矩阵

$$\boldsymbol{H} = \begin{bmatrix} \boldsymbol{I}(\boldsymbol{k}^{ij}) & \boldsymbol{J}(\boldsymbol{k}^{ij}) \\ \boldsymbol{I}(\boldsymbol{k}^{jk}) & \boldsymbol{J}(\boldsymbol{k}^{jk}) \\ \boldsymbol{I}(\boldsymbol{k}^{ki}) & \boldsymbol{J}(\boldsymbol{k}^{ki}) \end{bmatrix} \tag{3.20}$$

那么，正确的星识别编号应该至少在 $\boldsymbol{H}$ 矩阵中出现两次，先将只出现一次的恒星编号去除，剩下的星用行与行之间对比并进行核对最终确定符合“i–j–k”的星三角编号。

3.1.3　仿真实验与分析

本节针对星棱锥匹配算法进行蒙特卡洛仿真分析，星敏感器主要技术参数见 3.1.2.1 节，星点位置误差为 0.1 像素，$\varepsilon = 20.88''$，蒙特卡洛仿真 10000 次，仿真流程图见图 3.3。

根据星棱锥匹配算法流程可将模拟星图分为三种情况：① 观测星数目不足 3 个；② 观测星数目恰好为 3 个；③ 观测星数目大于 3 个。由于星棱锥算法至少需要 4 颗正确的恒星才能完成星图识别，因此，只针对观测星数目大于

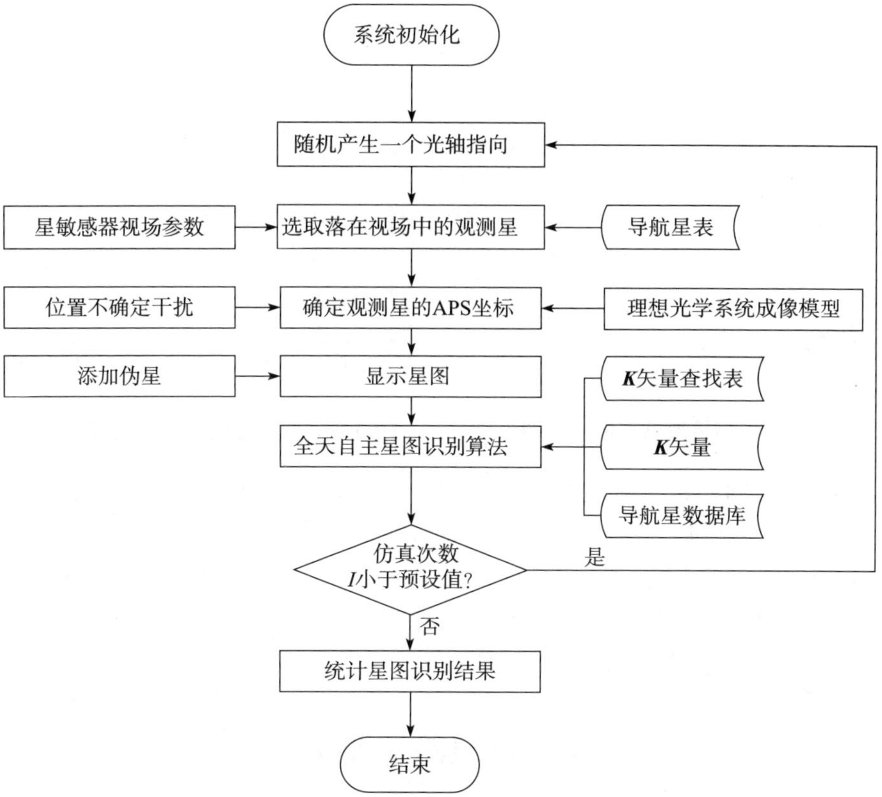

图 3.3　蒙特卡洛仿真流程图

4 颗的星图添加 1~2 颗伪星，蒙特卡洛仿真结果见表 3.3。

表 3.3　蒙特卡洛仿真结果

观测星数目 n	星图数	进行星图识别次数	星图识别成功次数
$n<3$	40	0	—
$n=3$	106	106	106
$n>3$	9854	9814	9801

对于 $n<3$ 的情形，由于无法找到星三角，故无法进行星图识别；对于 $n=3$ 的情形，全部识别成功，旋转方向的一致性检验起到了关键作用；对于 $n>3$ 的情形，其中有 40 幅星图由于无法找到唯一的星棱锥构型从而没有进行星图识别，这里面双星存在的原因占了绝大多数(图 3.4)，所以仅识别了 9814 幅星图，其中 9801 幅星图识别完全准确，造成剩下 13 幅未完全准确识别的星图的主要原因也是双星问题(图 3.5)，更为详细的结果见附录 C。

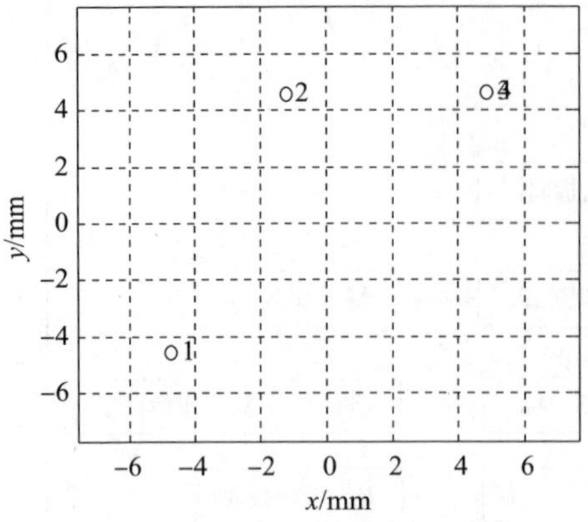

图 3.4　单视场星敏感器模拟星图 1

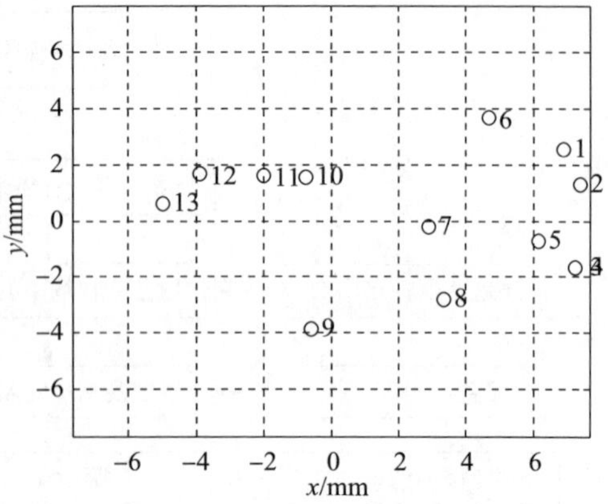

图 3.5　单视场星敏感器模拟星图 2

针对双星问题，目前并没有很好的解决办法，不过，若视场中存在双星，则它们在 APS 阵列上的星像点应基本重合，质心提取时难以将它们区别开来，只能通过灰度计算知道该区域是双星成像的结果。然而，本节所设计的星棱锥算法并没有利用星等信息，因此即使识别错误，那也是将惯性矢量极其接近的两颗恒星相互识别错误，对姿态解算影响并不大。

3.2　星跟踪识别方法

在太空迷失情况下，星敏感器需要利用全天星图识别技术确定姿态，一旦初始姿态确定后，就可以进入星跟踪识别模式，星敏感器工作的大多数时间是处于星跟踪识别模式，当跟踪识别失败后，再次利用全天星图识别重新确定姿态。星跟踪识别技术可以充分利用上一时刻的姿态信息预测当前时刻的星图信息，具有运算量小、识别速度快的优点。研究星跟踪识别技术具有重要的应用价值。本节研究了一种星邻域跟踪识别算法，并进行了仿真实验，验证了该方法的有效性。

3.2.1　星跟踪基本原理

3.2.1.1　星跟踪匹配

星跟踪识别算法利用上一时刻已识别的恒星信息与当前时刻的星图进行跟踪匹配，主要包括对已识别恒星的匹配和对新进入视场的恒星的识别。其中，对已识别恒星的匹配一般有两种方法：一种是直接以上一时刻已识别的恒星坐标为中心，在以 r 为半径的圆形区域内搜索恒星，若存在唯一的恒星，则认为搜索到的恒星与已识别的恒星是同一颗星，具有相同的信息。这种方法计算量小，识别速度快，但半径 r 的选择随星敏感器的角速度的增加而增加，若 r 选取过大，搜索到的恒星大于一颗则跟踪失败；若 r 选取过小，没有搜索到恒星则跟踪丢失。该方法一般适用于星敏感器角速度较小且相对恒定的情况。另一种方法是在上一时刻已识别的恒星基础上加上星点预测，然后以预测后的恒星坐标为中心，在以 r 为半径的圆形区域内搜索恒星。由于加上了星点预测，使半径 r 的选取几乎不受星敏感器角速度的影响，基本保持在一个恒定的值，而且预测后的恒星坐标与真实的星点坐标更接近，增加了匹配的成功率。但这种方法需要对下一时刻的姿态进行预测，增加了运算量，从而降低了识别速度。对星点的预测，需要知道角速度信息，角速度的获取也有两种方法，一种是利用同一颗星在前几帧星图的位置变化，估算出星敏感器的瞬时角速度[5]，另外，航天器一般都装有惯性器件，可以利用陀螺直接测得角速度数据。

星点映射是根据已识别的恒星信息确定当前姿态，然后在导航星库中搜索进入视场中的导航星，并将其转换到星敏感器坐标系当中。由于视场中的恒星存在不能完全识别的情况，已识别的恒星只是其所在视场中的一部分，进行星点映射后增加了导航星的数量，有利于对下一时刻的星体跟踪。但星点映射大大增加了星敏感器的运算量，若当前时刻已识别的恒星数量大于一定值，则不用进行星点映射，可以直接以当前已经识别的恒星坐标信息对下一时刻星图进行匹配跟踪识别，具体流程详见图 3.6。

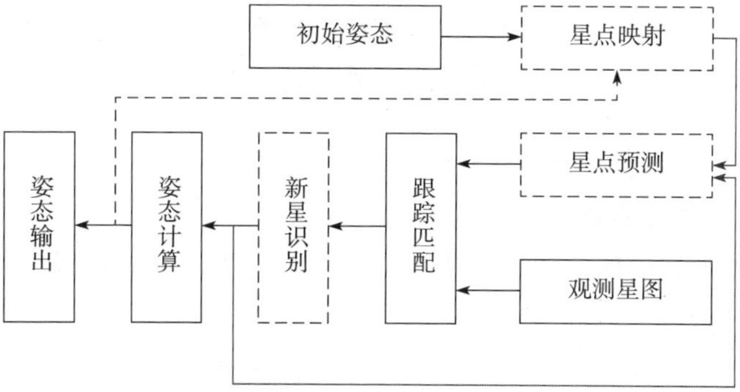

图 3.6 星跟踪流程图

3.2.1.2 新星的识别

星敏感器在姿态运动过程中，进入视场的恒星会在一段时间内持续被观测，但随着姿态的变化，会不断有观测到的恒星移出视场，同时也会有新的恒星进入视场，对新星的识别也是星跟踪识别算法的一个重要环节。星敏感器运动过程中星像的移动情况见图 3.7。

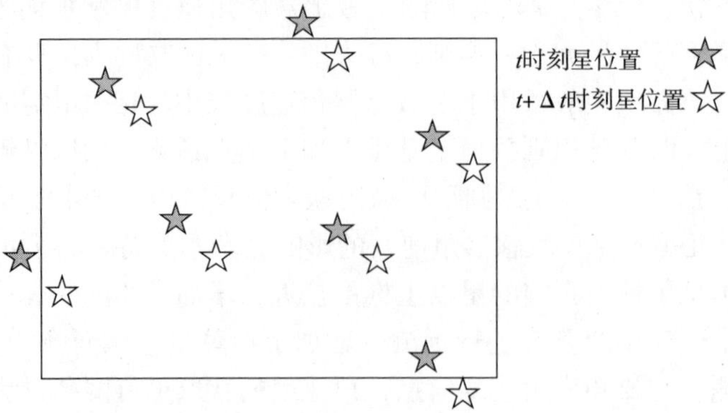

图 3.7　相邻时刻星点位移

识别新星的主要依据仍然是基于角距信息，若采用全天球星图识别的方法来识别新星，是很耗时间的，也违背了星跟踪识别的快速性要求。对新星的识别同样可以利用先验信息。由于新进入的恒星都在已识别的恒星附近，这就为新星的识别提供了便利，可以在已识别恒星的邻近区域对新星与该识别恒星的角距信息进行匹配识别，若角距信息足够接近，则可认为识别成功。这样缩小了搜索的范围，节省了识别的时间。为了保证识别的唯一性，同样可以将新星与已识别恒星构造成三角形或棱锥形等几何形状。

对于新星的识别并不是一个必要的环节，而且识别新星要比跟踪匹配上一时刻的恒星复杂耗时。所以当跟踪匹配的恒星数量大于一定值时，在保证一定精度的前提下可以跳过这一环节，为星敏感器的快速跟踪节省时间。

3.2.2　星邻域跟踪识别方法

3.2.2.1　星敏感器成像模型

星敏感器视场的四个角决定了天球中的恒星能否被观测到，图 3.8 为星敏感器体系中观测视场对称的四个角的矢量位置。

$$\begin{cases}\boldsymbol{d}_1^{\mathrm{T}}=\{-\sin\alpha \quad \cos\alpha\sin\beta \quad \cos\alpha\cos\beta\}\\ \boldsymbol{d}_2^{\mathrm{T}}=\{\sin\alpha \quad \cos\alpha\sin\beta \quad \cos\alpha\cos\beta\}\\ \boldsymbol{d}_3^{\mathrm{T}}=\{\sin\alpha \quad -\cos\alpha\sin\beta \quad \cos\alpha\cos\beta\}\\ \boldsymbol{d}_4^{\mathrm{T}}=\{-\sin\alpha \quad -\cos\alpha\sin\beta \quad \cos\alpha\cos\beta\}\end{cases} \tag{3.21}$$

式中：α 为 $\boldsymbol{d}_1$，$\boldsymbol{d}_2$，$\boldsymbol{d}_3$，$\boldsymbol{d}_4$ 与其在 Oyz 平面的投影的夹角大小；β 为 $\boldsymbol{d}_1$，$\boldsymbol{d}_2$，$\boldsymbol{d}_3$，$\boldsymbol{d}_4$ 在 Oyz 平面的投影与 z 轴的夹角大小。

$$\begin{aligned}&\boldsymbol{d}_1^{\mathrm{T}}\boldsymbol{d}_2=\boldsymbol{d}_3^{\mathrm{T}}\boldsymbol{d}_4=\cos\theta_x=-\sin^2\alpha+\cos^2\alpha=\cos(2\alpha)\\&\boldsymbol{d}_1^{\mathrm{T}}\boldsymbol{d}_4=\boldsymbol{d}_2^{\mathrm{T}}\boldsymbol{d}_3=\cos\theta_y=\sin^2\alpha+\cos^2\alpha(\cos^2\beta-\sin^2\beta)\end{aligned} \tag{3.22}$$

其中，θ_x 和 θ_y 分别为星敏感器在 x 和 y 方向的视场角大小。由此可得

$$\alpha=\frac{\theta_x}{2}$$

$$\beta=\arccos\left(\sqrt{\frac{\cos\theta_x+\cos\theta_y}{\cos\theta_x+1}}\right) \tag{3.23}$$

定义 $\boldsymbol{n}_{ij}=(\boldsymbol{d}_i\times\boldsymbol{d}_j)/\|\boldsymbol{d}_i\times\boldsymbol{d}_j\|$，若任一星光矢量 $\boldsymbol{B}_k$（惯性系中矢量）能在星敏感器视场中被观测到，则必须满足以下条件：

$$\boldsymbol{B}_k^{\mathrm{T}}\boldsymbol{A}_{b\to I}\boldsymbol{n}_{12}<0,\quad \boldsymbol{B}_k^{\mathrm{T}}\boldsymbol{A}_{b\to I}\boldsymbol{n}_{23}<0,\quad \boldsymbol{B}_k^{\mathrm{T}}\boldsymbol{A}_{b\to I}\boldsymbol{n}_{34}<0,\quad \boldsymbol{B}_k^{\mathrm{T}}\boldsymbol{A}_{b\to I}\boldsymbol{n}_{41}<0 \tag{3.24}$$

式中：$\boldsymbol{A}_{b\to I}$ 为星敏感器体系到惯性系的坐标转换矩阵。

假设星光在像平面上的坐标为$(x,\ y)$，如图 3.9 所示，则星光在星敏感器体坐标系中的观测矢量为

$$\boldsymbol{b}=[-x\quad -y\quad f]/\sqrt{x^2+y^2+f^2} \tag{3.25}$$

式中：f 为星敏感器的焦距。若已知星光在星敏感器体坐标系中的观测矢量 $\boldsymbol{b}$，则星光在像平面的坐标为

$$x=-f\cdot\frac{b_x}{b_z},\qquad y=-f\cdot\frac{b_y}{b_z} \tag{3.26}$$

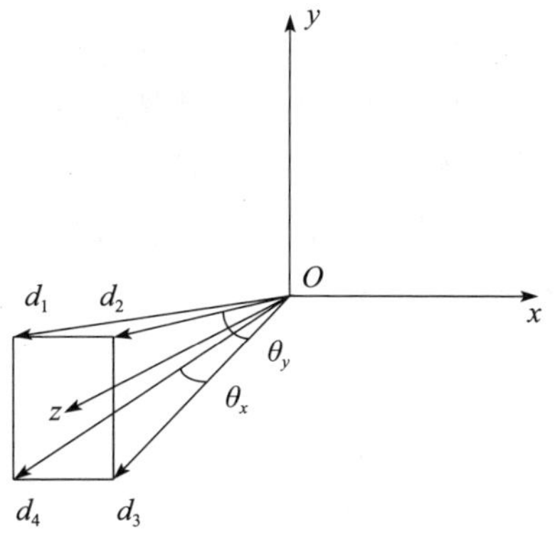

图 3.8　星敏感器视场的四个角位置

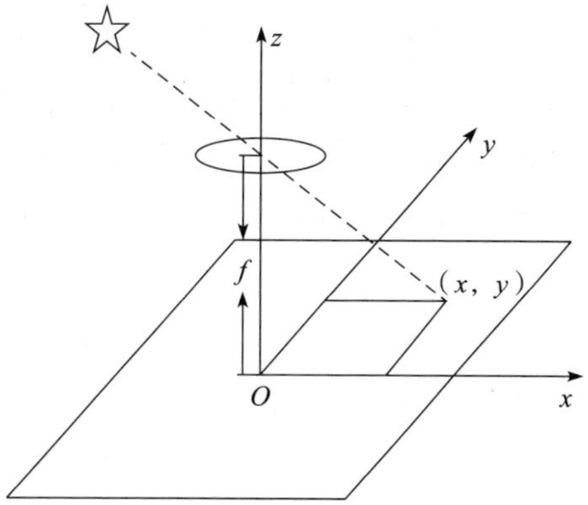

图 3.9　星光的观测矢量模型

3.2.2.2　星邻域跟踪算法

星跟踪识别算法是利用之前时刻的观测星信息确定当前时刻的星信息。星邻域跟踪识别算法是一种新型的星跟踪识别算法，具体步骤如下：

（1）利用全天球星图识别方法对初始姿态进行捕获，得到初始时刻 t 时的估计姿态四元数 $\tilde{\boldsymbol{q}}(t)$ 和估计姿态转换矩阵 $\tilde{\boldsymbol{A}}_{b\to I}(t)$；同时已知真实的姿态四元数 $\boldsymbol{q}(t)$ 和估计姿态转换矩阵 $\boldsymbol{A}_{b\to I}(t)$。

(2) 利用陀螺输出的角速度信息和当前时刻的估计姿态矩阵 $\tilde{\boldsymbol{A}}_{b\to I}(t)$ 进行线性近似得到下一时刻的预测姿态矩阵 $\tilde{\boldsymbol{A}}_{b\to I}(t+\Delta t)$。

$$\tilde{\boldsymbol{A}}_{b\to I}(t+\Delta t)=\begin{bmatrix}1 & \omega_3\Delta t & -\omega_2\Delta t\\ -\omega_3\Delta t & 1 & \omega_1\Delta t\\ \omega_2\Delta t & -\omega_1\Delta t & 1\end{bmatrix}\tilde{\boldsymbol{A}}_{b\to I}(t) \tag{3.27}$$

(3) 将 t 时刻识别的星光在惯性系中的矢量，通过 $t+\Delta t$ 时刻的预测姿态转换矩阵转换到星敏感器体坐标系中，进一步得到其像平面坐标，即下一时刻星光位置坐标的预测值 $(x_i, y_i)_{t+\Delta t}$。

(4) 利用陀螺输出的角速度信息对四元数运动学方程进行积分，仿真下一时刻的真实姿态四元数 $\boldsymbol{q}(t+\Delta t)$ 和真实姿态转换矩阵 $\boldsymbol{A}_{b\to I}(t+\Delta t)$，进而仿真出下一时刻的真实星图，在此基础上加上星敏感器的质心提取误差就得到星敏感器的观测星图中的星点质心坐标 $(x_i, y_i)_{\text{measured}}$。

$$\begin{Bmatrix}\dot{q}_1\\ \dot{q}_2\\ \dot{q}_3\\ \dot{q}_4\end{Bmatrix}=\frac{1}{2}\begin{bmatrix}0 & \omega_3 & -\omega_2 & \omega_1\\ -\omega_3 & 0 & \omega_1 & \omega_2\\ \omega_2 & -\omega_1 & 0 & \omega_3\\ -\omega_1 & -\omega_2 & -\omega_3 & 0\end{bmatrix}\begin{Bmatrix}q_1\\ q_2\\ q_3\\ q_4\end{Bmatrix} \tag{3.28}$$

(5) 如图 3.10 所示，若星敏感器观测值 $(x_i, y_i)_{\text{measured}}$ 与预测值 $(x_i, y_i)_{t+\Delta t}$ 的位置误差小于 r，则可认为当前星与上一时刻星为同一颗星。当跟踪匹配的恒星数量大于等于门限 n 时(门限 n 的选取一般要保证足够高的精度)，为了节省时间，保证跟踪的快速性，可以跳过新星的识别环节而直接计算姿态。

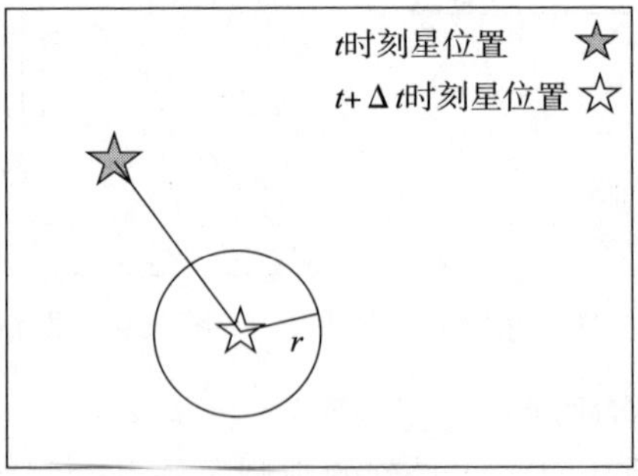

图 3.10　星光预测示意图

(6) 如图 3.11 所示，对于未识别的恒星，可以利用星邻域矩阵进行确认。未识别的恒星一般包括两种情形：一种是上一视场中已经存在的恒星但未匹配到，另一种就是有新星进入。星邻域矩阵的存储格式如表 3.4 所示，最左侧一列为恒星编号，右侧部分为相距其最近的 4 颗星，相邻星的个数可以根据具体情况而定。当视场中有新星进入或者有其他未识别的恒星时，就可以通过星邻域矩阵，在已识别的恒星的相邻星中进行查找，大大减小了查找的范围，缩短了查找的时间。

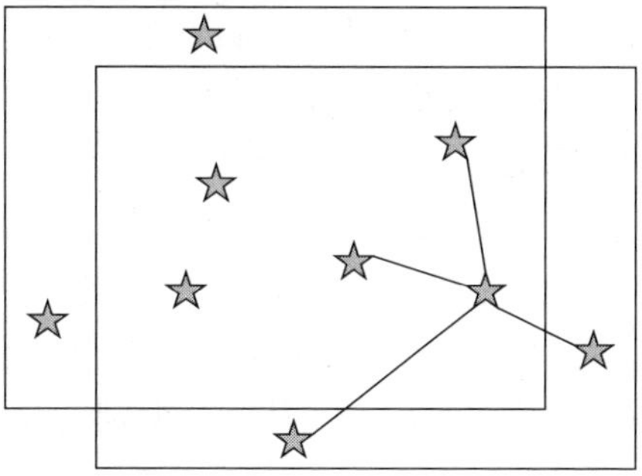

图 3.11　相邻星示意图

表 3.4　星邻域矩阵

恒星编号	相邻星编号			
61	63	64	59	1395
62	60	59	65	1397
63	64	61	65	225
64	63	61	65	225
65	62	59	64	228
66	67	1397	68	70
67	70	66	68	69
68	230	231	227	70
69	1399	67	70	232
70	232	67	231	68
71	233	72	1400	1401
72	237	73	71	74
73	74	1403	72	75
74	73	1403	75	1404
75	76	1404	74	1406

当跟踪匹配的恒星不足 n 颗时才进行新星的识别，n 为不需要识别新星的

最小识别星数目，若进行新星识别后，已识别星的数量仍不足 n 颗，但又能保证一定的精度，为了避免跟踪失败而进入全天星图识别，可以设定一个门限 $m(m<n)$，若已识别的恒星数目大于等于 m，即可进行姿态解算，m 为进行姿态确定的最小识别星数目，该门限的设定可以适当地降低定姿的精度而增加跟踪的成功率。

(7) 星敏感器的姿态计算采用 QUEST 方法，并加入了验证环节。当对恒星存在误匹配或者误识别时，星敏感器的姿态一般会发生较大的波动，为了避免这种情况的发生，可在姿态输出前加以验证。由于在预测下一时刻星点位置坐标时，已经粗略给出了一个预测的姿态，将预测的姿态与计算得到的姿态之间的三分量误差矢量 $\boldsymbol{\Delta\phi}$ 的大小作为一个判定值，若存在恒星误匹配或误识别的情况，两者的误差会较大；反之，误差会很小并保持在一定范围内。通过设定一个门限可以大大减少星敏感器误匹配或误识别的情况发生。图 3.12 为星邻域跟踪识别算法的流程图。

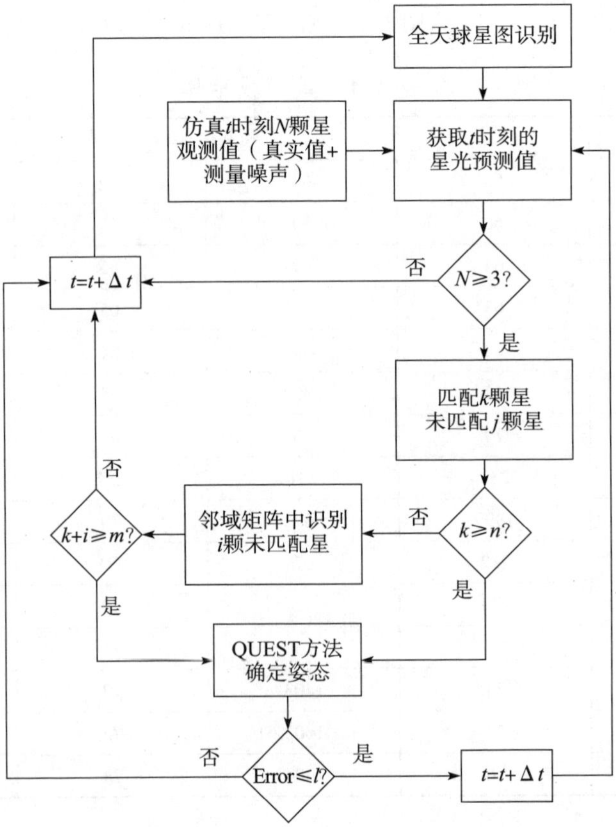

图 3.12　星邻域跟踪流程图

3.2.2.3 仿真实验与分析

仿真时间为100s，不需要识别新星的最小识别星数目 $n=8$，进行姿态确定的最小识别星数目 $m=3$，判定阶段的最大误差门限 $l=100''$，初始姿态四元数为 $q=[2/3, 0, 1/3, 2/3]$，星敏感器角速度大小为 2°/s，星邻域矩阵相邻星个数为4，姿态转换顺序按照321转序，三个欧拉角分别为 φ，θ，ψ(仿真结果中除参数另加说明外，均为按照以上设定的参数得出的结果)。星敏感器参数如表3.5所示。

表3.5 星敏感器参数

视场大小	成像面阵	像元大小	曝光时间	焦距	星等门限
14°×14°	1024×1024	15μm	0.2s	62.55mm	5.5

图3.13给出了星跟踪成功率随星邻域矩阵中相邻星个数和星敏感器姿态角速度的变化趋势。由图可知，星邻域矩阵中相邻星个数越多，星跟踪成功率越高，但相邻星个数达到一定数量后，跟踪成功率基本保持在一定值不变。且相同相邻星个数的情况下，星敏感器姿态角速度越小，跟踪成功率越高。当相邻星个数为零时，此时不进行新星的识别，即只进行星体的跟踪匹配。

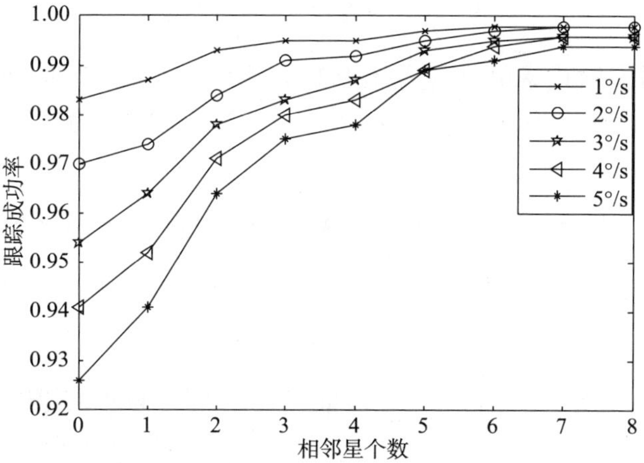

图3.13 星跟踪成功率变化趋势

图3.14为设定 $m=3$ 时，定姿精度、跟踪成功率和识别新星次数随着 n 的变化趋势。由图可知，随着 n 的增加，定姿精度逐渐提高，这是由于随着 n 的增加参与定姿的恒星数量也相应增加，从而有利于提高姿态确定的精度。同时，随着 n 的增加，跟踪成功率也呈上升的趋势，这是因为 n 的增加确保了相邻视场中具有足够多的相同的恒星，有利于相邻视场的跟踪匹配，若相邻视场

中具有的相同的恒星较少，则很容易跟踪失败，还可以看出当 n 增加到 8 以后，跟踪成功率不再变化，说明相邻视场所具有的相同的恒星达到一定数量后，对跟踪成功率的提升不再有任何贡献。最后随着 n 的增加，识别新星的次数也是逐渐增加的，这是显而易见的，由于 n 值的增加，只靠跟踪匹配的恒星达不到 n 的数量，就需要对新星进行识别。

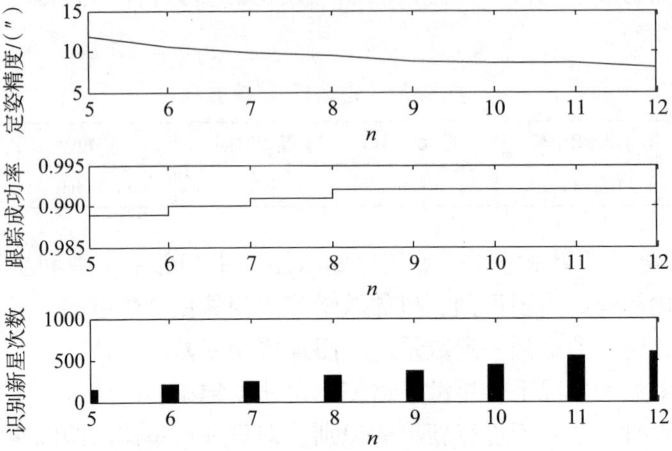

图 3.14　跟踪效果随 n 的变化

图 3.15 是星敏感器角速度为 2°/s 时，跟踪 1000 次三轴的定姿误差，平均定姿精度分别为 9.4943″、0.8220″和 1.1133″。图 3.16 为仿真过程中跟踪失

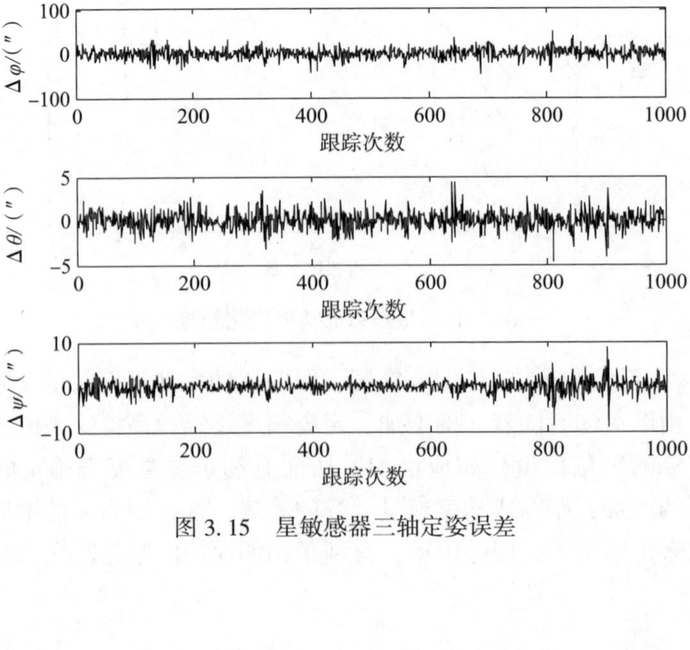

图 3.15　星敏感器三轴定姿误差

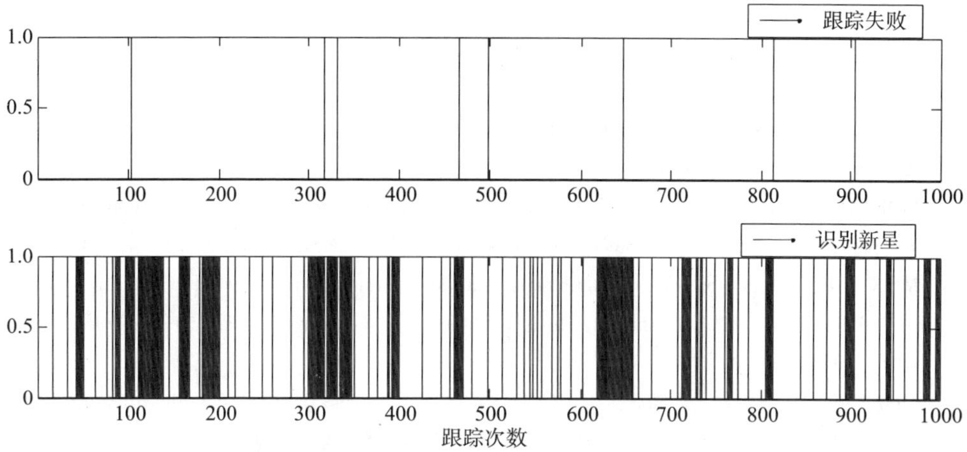

图 3.16　识别新星和跟踪失败次数

败的次数和需要识别新星的次数，由图可知，跟踪 1000 次的过程中，跟踪失败 8 次，识别新星 305 次。从图中还可以直观地观察到跟踪失败的时刻以及需要识别新星的时刻。

在姿态输出前如果不进行姿态验证，很容易由于星图误匹配造成定姿误差过大甚至定姿失败，在定姿误差曲线上则表现为较大的跳变。图 3.17 为不加入姿态验证环节后得到的三轴定姿误差曲线，图中显示，在跟踪次数为 500 次的附近产生了一个较大的姿态误差，该误差就是由于星图误匹配造成的。通过与三轴定姿结果比较，可知在姿态输出前加入验证环节，可以降低甚至消除由于星图误匹配造成定姿错误的情况的发生。

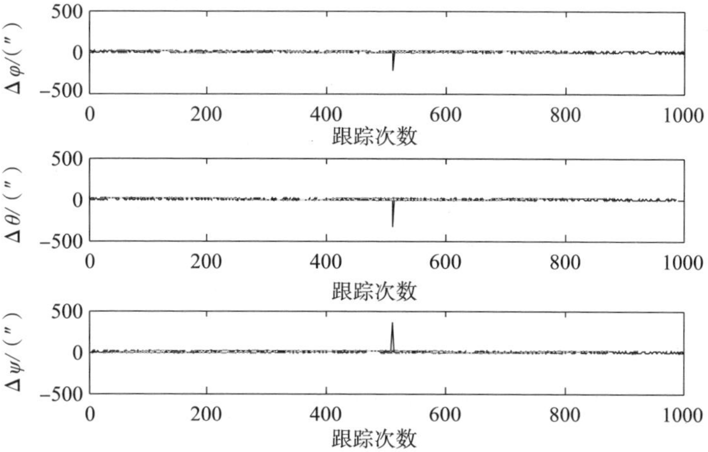

图 3.17　无姿态验证的三轴定姿误差

参考文献

[1] MORTARI D, NETA B. K-vector range searching technique[C]//The 10th Annual AIAA/AAS Space Flight Mechanics Meeting. USA: AIAA Inc, 2000: 449-459.

[2] MORTARI D, JUNKINS J L, SAMAAN M A, et al. Lost-in-space pyramid algorithm for robust star pattern recognition[J]. Advances in the Astronautical Sciences, 2001, 98(2): 49-68.

[3] MORTARI D. A fast on-board autonomous attitude determination system based on a new star-Id technique for a wide fov star tracker[J]. Advances in the Astronautical Sciences, 1996, 93(2): 893-893.

[4] MORTARI D, SAMAAN M A, BRUCCOLERI C, et al. The pyramid star identification technique[J]. Journal of the Institute of Navigation, 2004, 51(3): 171-183.

[5] 陈纾，张广军，郑循江，等．小型化星敏感器技术[J]. 上海航天，2013，30(4)：69-78.

第4章
双视场星敏感器的总体方案及定姿软件设计

双视场星敏感器通过在传统的星敏感器透镜系统前增加分束镜，从而将视场偏转为两个正交方向，可以在一个焦平面上对两个子视场内的观测星成像，使观测星的空间分布达到最优(近似正交)。本章主要介绍了双视场实现方法及成像原理，进行了双视场星敏感器总体方案设计，研究提出了针对双视场星敏感器的星图识别方法，在此基础上设计了多功能星图模拟与定姿软件，具备星图模拟、模糊、复原及姿态确定等功能。

4.1 双视场星敏感器总体方案设计

4.1.1 双视场实现方法及成像原理

双视场星敏感器在传统的星敏感器透镜系统前安装了与主光轴成45°方向的分束镜，分束镜利用其光学玻璃面上的镀膜，将投射的光线分别反射和透射少于50%的能量，从而将视场偏转为两个正交方向，可以在一个焦平面上对两个子视场内的观测星成像。图4.1为双视场星敏感器的成像示意图。

由于在视场内加入了分束镜，打到焦平面上的光子数减少，影响到图像传感器的探测灵敏度，可通过增加透镜孔径和曝光时间来弥补，但前者会增加星敏感器的重量，而后者又会导致更新速率下降，且会造成图像拖尾，因此，在设计双视场星敏感器的技术参数时需要进行折中。

相比于传统的星敏感器，双视场的星敏感器精度更高，可以实现三轴同样高精度的姿态测量。从利用率上来讲，双视场星敏感器采用同一块电路处理元件，不需要额外的光学预处理技术，充分利用了探测器的像面资源；从算法实现角度来讲，并没有本质地增加算法的难度，仅是在质心提取时增加了视场识

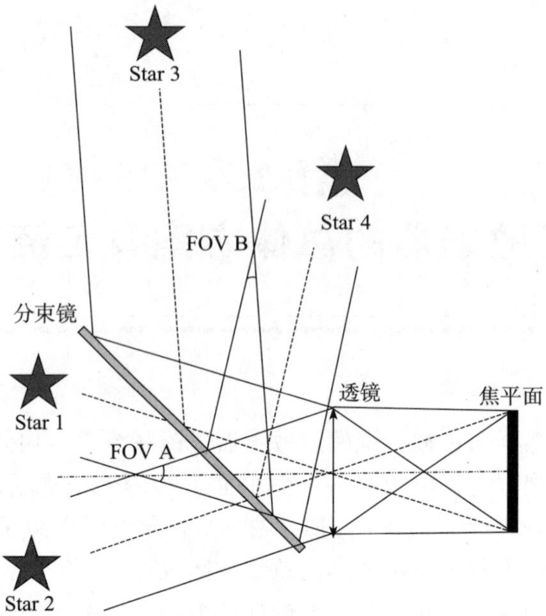

图 4.1　双视场星敏感器的成像示意图

别判断；从冗余性和鲁棒性来看，当其中一个子视场不能正常工作时(由于太阳、月亮、地球的遮挡)，双视场星敏感器仍能利用另外一个子视场内的成像星图输出航天器的姿态信息。当然，分束镜的安装角度精确与否直接影响双视场星敏感器的输出精度，这对双视场星敏感器的加工工艺提出了更高的要求，将会在 4.1.3 节进一步讨论分束镜的失准误差以及估计方法。图 4.2 为双视场星敏感器结构设计图。

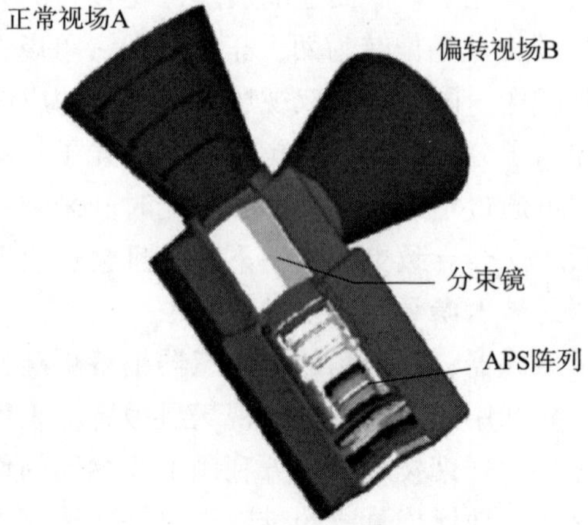

图 4.2　双视场星敏感器结构设计图

4.1.2 技术指标及精度分析

4.1.2.1 技术指标

尽管 CCD 面阵在星敏感器中取得了非常成功的应用，但近年来出现的 CMOS 有源像元图像传感器体积更小、质量更轻、功耗更低、抗辐射抗干扰能力更强、造价更低，满足未来星敏感器的微型化发展趋势要求。与 CCD 比较，CMOS APS 图像传感器集成度更高，供电电源也相对简单，数据读出方式灵活，可实现 APS ROI 技术。CMOS APS 不足之处主要体现在像元大、填充因子低，量化效率低，但随着 CMOS 的工艺不断提高，相信未来不久这些问题将会得到有效解决，并且 CMOS APS 图像敏感器将在航天任务中完全替代 CCD 图像传感器。

结合 2.1.3 节的分析结果，双视场星敏感器的视场大小为 10°×10°，仪器星等探测门限为 5.5，采用 1024×1024 的 CMOS APS 图像传感器，像元大小 15μm，利用式(2.3)计算焦距为 88mm。考虑到分束镜的能量损失，焦比应为 $f/1.0$ 或者更小，则孔径大小至少为 88mm，曝光时间为 10ms，量化效率为 30%~50%，更多技术指标见表 4.1。

表 4.1　双视场星敏感器技术指标

技术指标	性能参数	其他描述
三轴姿态精度(无陀螺)	5″	
数据更新率	1Hz	
功耗	8W	输入电压 5V
质量	<4.0kg	
大小	28cm×18cm×50cm	
星等门限	5.5	
视场大小	10°×10°	
像元大小	15μm×15μm	
APS 阵列大小	1024×1024， 15.36mm×15.36mm	
焦距	88mm	
焦比	$f/1.0$	
曝光时间	10ms	
量化效率	30%~50%	

4.1.2.2 精度分析

单星测量精度是星敏感器整体精度的基础，它直接影响姿态角测量精度，计算公式为

$$\sigma_{\text{star}}=\frac{\vartheta_{\text{FOV}}}{N}\sigma_{\text{centroid}} \tag{4.1}$$

式中：ϑ_{FOV} 为视场大小；N 为 APS 像元阵列大小；σ_{centroid} 为质心提取精度。

由于双视场星敏感器的观测星来自两个正交视场，因此，可以达到三轴高精度姿态测量。对于双视场星敏感器而言，正常视场 A 测量到的星解算俯仰偏航姿态精度较高，偏转视场 B 测量到的星解算横滚姿态精度较高，根据文献[1]可得双视场星敏感器三轴姿态测量精度近似为

$$\sigma=\frac{\sigma_{\text{star}}}{\sqrt{n}} \tag{4.2}$$

式中：n 为单一视场内观测星的数量。结合仿真结果和亚像元质心提取精度，代入 $n=5$，$\sigma_{\text{centroid}}=0.1\text{pixel}$，可得 $\sigma\approx2''$。

4.1.3 分束镜失准的误差分析

在结构上，多视场星敏感器较普通星敏感器多安装了一个分束镜，这也是利用一个焦平面对两个子视场内的测量星同时成像的关键技术，因而分束镜位置安装的准确与否直接影响了双视场星敏感器的测量精度。针对该问题，本节建立了失准角误差模型，并给出了安装失准矩阵的估计方法。

对于双视场星敏感器而言，假设 A 为正常视场，B 为偏转视场且失准，在理想情况下，根据式(2.14)有

$$\boldsymbol{B}_{\text{A}}=\boldsymbol{A}_{I\to b}\boldsymbol{R}_{\text{A}} \tag{4.3}$$

$$\boldsymbol{M}_{\text{B}}\boldsymbol{g}(\boldsymbol{B}_{\text{B}})=\boldsymbol{A}_{I\to b}\boldsymbol{R}_{\text{B}} \tag{4.4}$$

其中，$\boldsymbol{R}_{\text{A}}\equiv[\boldsymbol{r}_1^{(\text{A})}\ \boldsymbol{r}_2^{(\text{A})}\cdots\boldsymbol{r}_{n_{\text{A}}}^{(\text{A})}]$，$\boldsymbol{B}_{\text{A}}\equiv[\boldsymbol{b}_1^{(\text{A})}\ \boldsymbol{b}_2^{(\text{A})}\cdots\boldsymbol{b}_{n_{\text{A}}}^{(\text{A})}]$分别表示 A 视场内的观测星惯性矢量和测量矢量；$\boldsymbol{R}_{\text{B}}\equiv[\boldsymbol{r}_1^{(\text{B})}\ \boldsymbol{r}_2^{(\text{B})}\cdots\boldsymbol{r}_{n_{\text{B}}}^{(\text{B})}]$，$\boldsymbol{B}_{\text{B}}\equiv[\boldsymbol{b}_1^{(\text{B})}\ \boldsymbol{b}_2^{(\text{B})}\cdots\boldsymbol{b}_{n_{\text{B}}}^{(\text{B})}]$分别表示 B 视场内的观测星惯性矢量和测量矢量(由星像点位置得到的)；函数 $\boldsymbol{g}(\cdot)$的作用是将 $\boldsymbol{B}_{\text{B}}$ 中的测量矢量一一映射回镜面反射前的 B 视场内的恒星光线矢量，具体可参见式(2.14)；n_{A}，n_{B} 分别为 A 视场和 B 视场内的观测星数量；$\boldsymbol{M}_{\text{B}}$ 为待求的分束镜安装失准矩阵。

由于 A 视场是正常视场，可先利用其视场内的观测星结合 Wahba 问题的求解方法估计出姿态阵 $\boldsymbol{A}_{I\to b}$，将其代入式(4.4)，同时令 $\overline{\boldsymbol{B}}_{\text{B}}\equiv\boldsymbol{g}(\boldsymbol{B}_{\text{B}})$，$\overline{\boldsymbol{R}}_{\text{B}}=\boldsymbol{A}_{I\to b}\boldsymbol{R}_{\text{B}}$，则式(4.4)进一步可变为

$$\overline{\boldsymbol{B}}_{\mathrm{B}}=\boldsymbol{M}_{\mathrm{B}}^{\mathrm{T}}\overline{\boldsymbol{R}}_{\mathrm{B}} \tag{4.5}$$

式(4.5)又可以看作一个 Wahba 问题，利用 $\overline{\boldsymbol{R}}_{\mathrm{B}}$，$\overline{\boldsymbol{B}}_{\mathrm{B}}$ 阵中的矢量即可求出安装失准矩阵 $\boldsymbol{M}_{\mathrm{B}}$，关于 Wahba 问题的求解将会在第 5 章详细介绍。

4.2　针对双视场星敏感器的星图识别方法

4.2.1　视场识别技术

对于双视场星敏感器而言，APS 阵列上的星像点既可能来自正常视场 A，也可能来自偏转视场 B，因此，在星图识别前还需要完成星像点的视场识别。针对该问题，可借助光学标志法在质心提取过程中完成。如图 4.3 所示，由于散光变形的原因，使得 PSF 形状呈椭圆状，其伸展方向与光轴垂直，因此，可以通过计算图像的惯量张量阵的特征矢量来获取图像的伸展方向，从而识别出该颗星隶属于哪一个视场。简单点说，可通过计算二阶矩来获取图像的转动惯量，公式如下：

$$J_1=\sum_{i=1}^{n\times n}(y_i-y_c)^2,\qquad J_2=\sum_{i=1}^{n\times n}(x_i-x_c)^2 \tag{4.6}$$

式中：$(x_i,\ y_i)$为窗体内用于提取质心的所有像素。因此，视场识别可简单地描述为

$$J_1<J_2\quad 或\quad J_1>J_2 \tag{4.7}$$

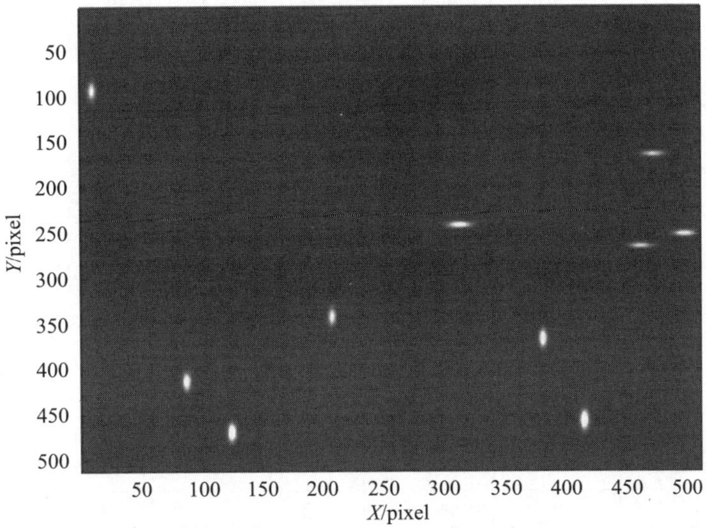

图 4.3　两个正交视场相机拍摄的星图

从图4.3明显可以看出，水平伸展方向的椭圆星像点来自正常视场A，垂直伸展方向的星像点来自偏转视场B。

4.2.2 改进的星棱锥星图识别算法

相比于传统的单视场星敏感器，双视场星敏感器进行星图识别时需要对星棱锥星图识别算法进行改进，当选取三颗星构成星三元组(s_i, s_j, s_k)时，双视场星敏感器的星图识别可分为两种模式。

(1) 单视场工作模式：三颗星属于同一个视场，适用于单视场、双视场星敏感器。

(2) 双视场工作模式：当星对(s_i, s_j)分别属于不同视场时，第三颗星s_k属于s_i(或s_j)的视场，适用于双视场星敏感器。

由此可知，需要建立两个$\boldsymbol{K}$矢量查找表用于双视场星敏感器的星图识别，表1的角距范围为$[\vartheta_{\min}, \vartheta_{\text{FOV}}]$，表2的角距范围为$[90°-\vartheta_{\text{FOV}}, 90°+\vartheta_{\text{FOV}}]$，对应的集合分别定义为$[\boldsymbol{I}_1 \quad \boldsymbol{J}_1 \quad \boldsymbol{K}_1]$和$[\boldsymbol{I}_2 \quad \boldsymbol{J}_2 \quad \boldsymbol{K}_2]$。因此，双视场星敏感器的星图识别算法需要在星棱锥匹配算法的Step2中增加一个判断，若测量的星对来自同一个视场，则采用表1中的存储数据进行匹配；若测量的星对来自两个视场，则采用表2的存储数据进行匹配，其他步骤并不需要改变。

4.2.3 仿真实验与分析

结合表2.2可设计如下双视场星敏感器技术参数：VMT=5.5，$\vartheta_{\text{FOV}}=10°$，CMOS APS为1024×1024阵列，像元大小为15μm×15μm，焦距f=88mm。于是可得$\vartheta_{\min}=0.2°$，导航星表中共有2861颗恒星，$\boldsymbol{K}$矢量查找表1中的导航星对有36639组，$\boldsymbol{K}$矢量查找表2中的导航星对有690876组。$\boldsymbol{K}$矢量查找表和$\boldsymbol{K}$矢量表分别见表4.2和表4.3。

表4.2　双视场星敏感器的$\boldsymbol{K}$矢量查找表(按角距余弦值大小排序)

$\boldsymbol{K}$矢量查找表1				$\boldsymbol{K}$矢量查找表2			
序号	导航星i	导航星j	$\mu_{ij}=\cos\theta_{ij}$	序号	导航星i	导航星j	$\mu_{ij}=\cos\theta_{ij}$
1	2010	2012	0.984808178	1	573	1776	−0.17364794
2	2217	2397	0.984808659	2	1327	2614	−0.17364761
3	2589	2703	0.984809055	3	96	1679	−0.173646071
…	…	…	…	…	…	…	…
36637	487	494	0.999993399	690874	1711	2580	0.173646011
36638	1778	1779	0.999993498	690875	1485	2771	0.173646693
36639	2615	2616	0.999993575	690876	603	1558	0.173647351

表 4.3　双视场星敏感器的 **K** 矢量表

K 矢量表 1								
i	1	2	3	4	…	36637	36638	36639
$K(i)$	0	1	2	2	…	36636	36636	36639
K 矢量表 2								
i	1	2	3	4	…	690874	690875	690876
$K(i)$	0	1	2	2		690874	690875	690876

根据式(3.10)和式(3.11)可分别得 **K** 矢量查找表 1 和表 2 中的直线方程系数为

$$D_1=(0.999993575-0.984808178)/36638=4.1447\times10^{-7} \tag{4.8}$$

$$a_{11}=36639\times D_1/36638=4.1448\times10^{-7} \tag{4.9}$$

$$a_{10}=0.984808178-a_{11}-D_1/2=0.984807 \tag{4.10}$$

$$D_2=(0.173647351+0.17364794)/690875=5.0269\times10^{-7} \tag{4.11}$$

$$a_{21}=690876\times D_2/690875=5.0269\times10^{-7} \tag{4.12}$$

$$a_{20}=-0.17364794-a_{21}-D_2/2=0.173648 \tag{4.13}$$

本节采用改进的星棱锥匹配算法针对双视场星敏感器进行蒙特卡洛仿真分析，星点位置误差为 0.1 像素，$\varepsilon=20.88''$，蒙特卡洛仿真 10000 次。

根据仿真结果可将模拟星图分为三种情况：① 观测星数目不足 3 个；② 观测星数目恰好为 3 个；③ 观测星数目大于 3 个，这里的观测星数目是指来自 A 视场和 B 视场观测星总和。由于改进的星棱锥算法至少需要 4 颗正确的恒星才能完成星图识别，因此，只针对观测星数目大于 4 颗的星图添加 1~2 颗伪星，蒙特卡洛仿真结果见表 4.4。

表 4.4　蒙特卡洛仿真结果

观测星数目 n	星图数	进行星图识别次数	星图识别成功次数
$n<3$	25	0	—
$n=3$	92	92	92
$n>3$	9883	9867	9850

对于 $n<3$ 的情形，由于无法找到星三角，故无法进行星图识别；对于 $n=3$ 的情形，全部识别成功，旋转方向的一致性检验起到了关键作用；对于 $n>3$ 的情形，其中有 16 幅星图由于无法找到唯一的星棱锥构型从而没有进行星图识别，这里面双星存在的原因占了绝大多数(图 4.4)，所以仅识别了 9867 幅星图，其中 9850 幅星图识别完全准确，造成剩下 17 幅未完全准确识别的星图的主要原因也是双星问题(图 4.5)，更为详细的结果见附录 C。

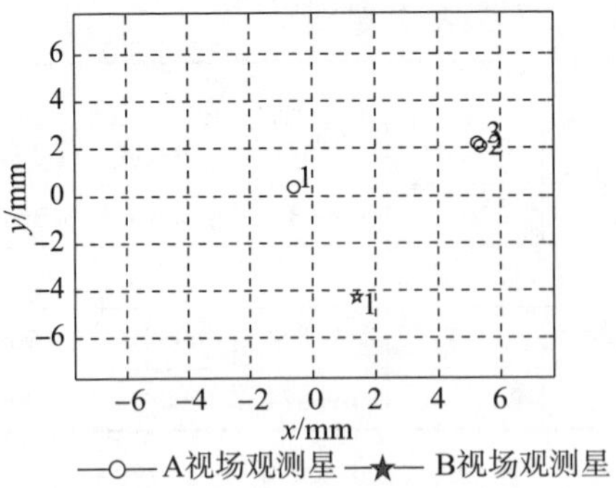

图 4.4　双视场星敏感器模拟星图 1

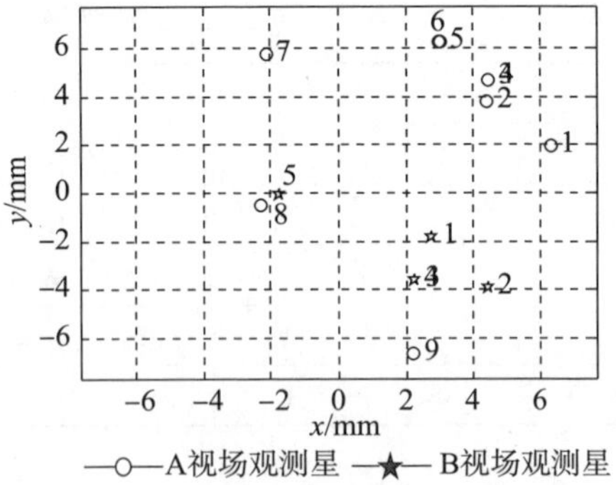

图 4.5　双视场星敏感器模拟星图 2

4.3　多功能星图模拟与定姿软件

4.3.1　单视场星图模拟及定姿软件

如图 4.6 所示，单视场星图模拟与定姿软件主要包括 4 个部分：星图显示区、星敏感器定姿区、星图模糊与复原区和统计识别星区。

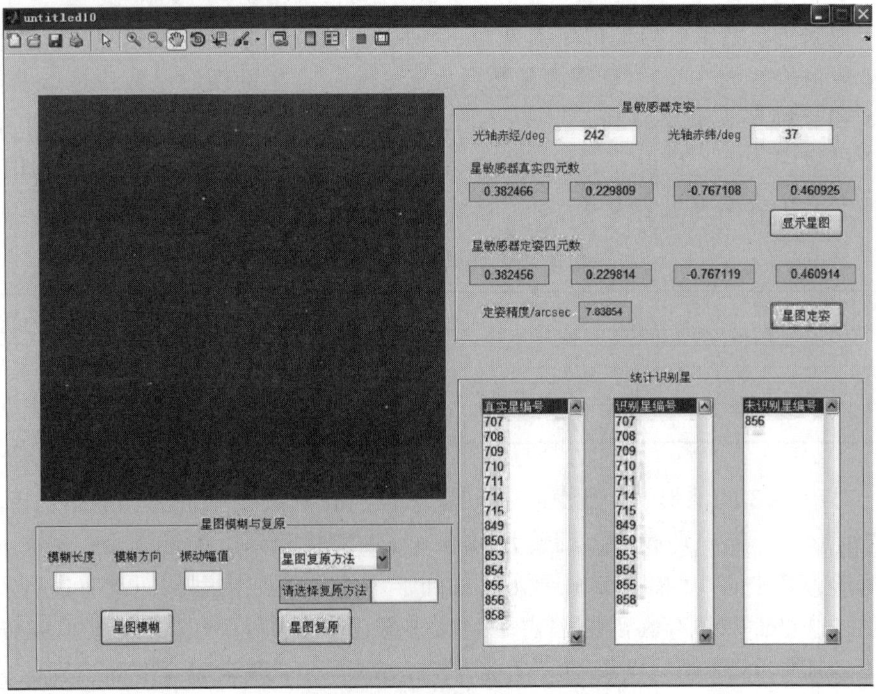

图 4.6　单视场星图模拟与定姿界面 1

星敏感器定姿区有光轴赤经和赤纬两个输入框，任意输入一光轴指向，点击“显示星图”按钮，则遍历导航星库，在星图显示区显示出在该光轴指向下的视场，同时，显示出此种情况的姿态四元数。点击“星图定姿”按钮，则采用星棱锥识别方法，在全天球内对星图进行识别并确定姿态，并给出定姿精度，同时，在统计识别星区，显示出该幅星图中真实的星编号、识别的星编号和未识别的星编号。当视场中的恒星小于 3 颗时，无法进行星图识别，星敏感器定姿区会显示“识别失败”，如图 4.7 所示。

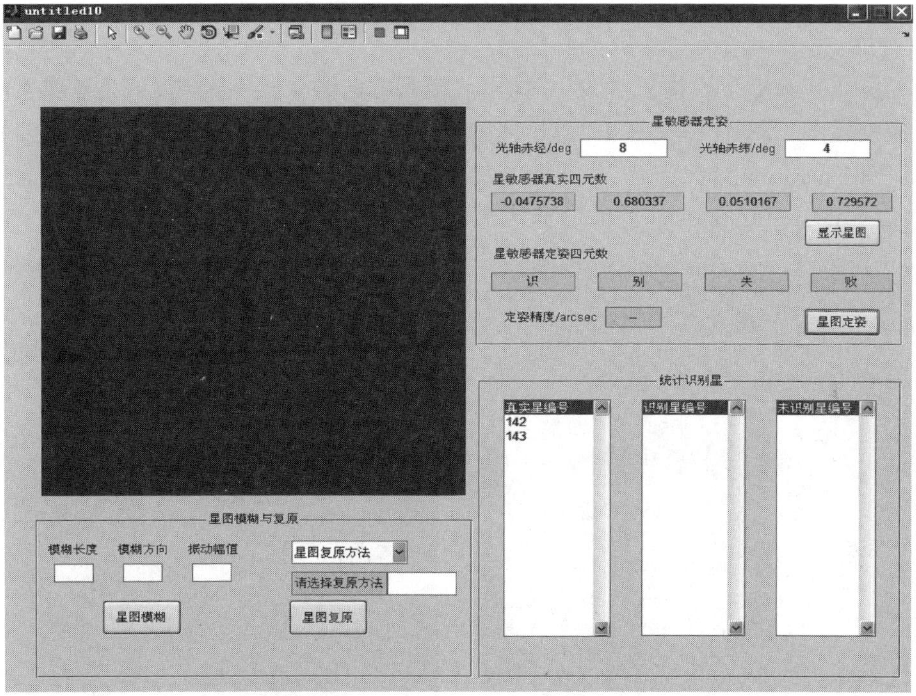

图 4.7　单视场星图模拟与定姿界面 2

在星图模糊与复原区，如图 4.8 所示，左侧有三个输入框，分别是模糊长度、模糊方向、振动幅值。模糊长度和振动幅值单位为像素个数，模糊方向单位为角度。点击“星图模糊”按钮，就可对显示的星图进行模糊处理。在该区的右侧有一个选项框，可以选择对星图进行复原的方法，包含 Matlab 中的维纳滤波、regularized 滤波和 Lucy-Richardson 滤波三种图像运动模糊的复原算法。其中，选择维纳滤波后，需要设定星图信噪比，默认值为 0.001；若选择 Lucy-Richardson 滤波算法，则需要设定迭代次数，默认值为 20 次，一般情况下，迭代次数越多，复原的效果会越好，但迭代次数超过一定值后，复原效果没有明显变化，且耗费的时间会大大增加。

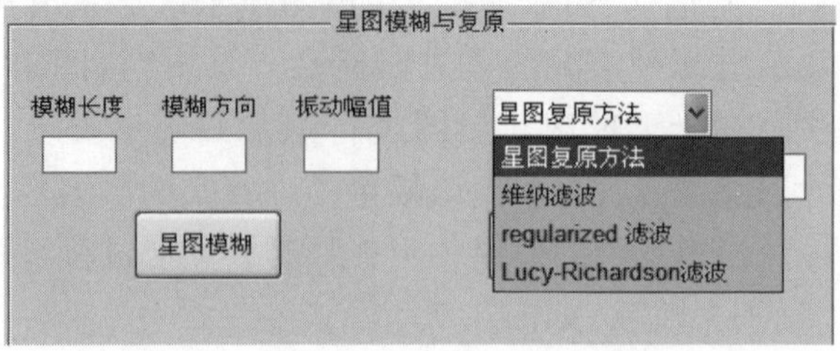

图 4.8　星图模糊与复原区

图 4.9 给出了模糊长度为 10 像素、模糊方向为 45°、振动幅值为 4 像素时的模糊星图，图 4.10～图 4.12 分别给出了采用维纳滤波、regularized 滤波和 Lucy-Richardson 滤波方法进行复原的效果图。其中维纳滤波信噪比设定为 0.001，Lucy-Richardson 滤波的迭代次数设定为 20 次。

图 4.9　模糊星图

图 4.10　维纳滤波复原星图

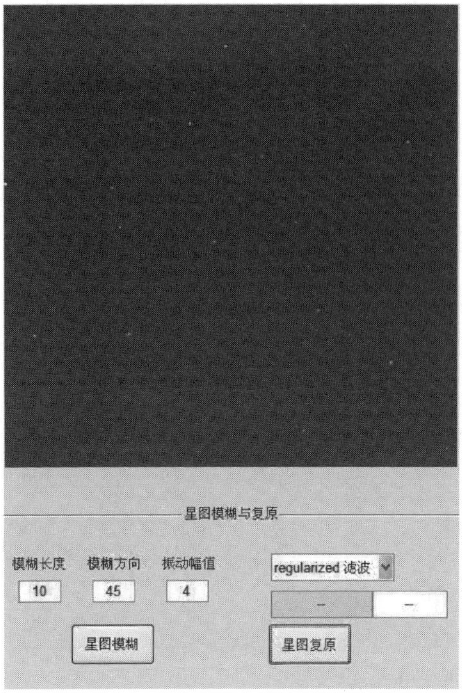

图 4.11　Regularized 滤波复原星图

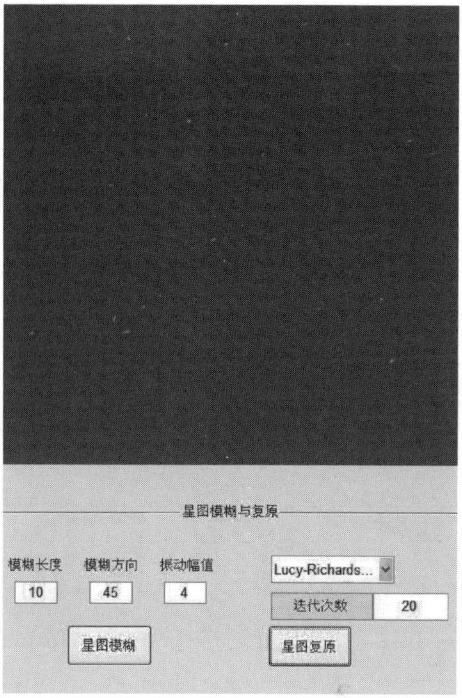

图 4.12　Lucy-Richardson 滤波复原星图

4.3.2　双视场星图模拟及定姿软件

本软件主要用于双视场星敏感器观测星图模拟及姿态确定。根据随机输入的光轴指向及像素误差，模拟生成双视场观测星图，基于“太空迷失”条件下的全自主星图识别算法进行三轴姿态确定，并计算三轴定姿精度与总定姿精度，可有效支持星图识别算法及定姿算法的验证。

如图 4.13 所示，从界面输入光轴赤经、赤纬以及成像质心精度，点击“显示星图”按钮，软件利用星图模拟工作流程从导航星表中选取落入视场 A 和 B 的恒星，生成模拟观测星图，并计算显示星敏感器真实四元数以及相应的恒星编号。点击“星图定姿”按钮，软件根据基于多视场星敏感器的航天器姿态确定软件系统工作流程图开始工作，利用星棱锥匹配算法完成在“太空迷失”条件下的全自主星图识别，计算显示识别和未识别的恒星编号，并利用 QUEST 算法计算得到星敏感器定姿结果以及计算精度。

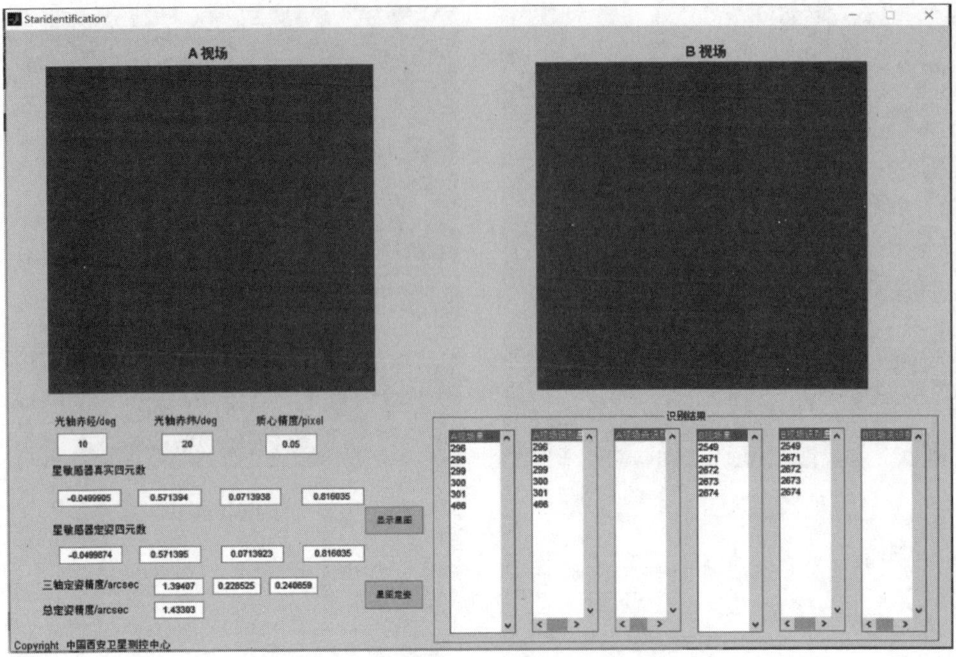

图 4.13　双视场星图模拟与定姿界面

参考文献

[1] Anderson D. Autonomous star sensing and pattern recognition for spacecraft attitude determination[D]. USA：Texas A&M University，College Station，TX，1991.

第 5 章
基于矢量观测的航天器姿态确定性方法

本章首先介绍几种常用的姿态描述参数并定义了旋转误差；其次系统总结几种典型的基于矢量观测的求解 Wahba 问题的姿态确定性方法，包括 q-算法、QUEST 算法、ESOQ2 算法、SVD 算法以及 FOAM 算法等，并利用数值仿真比较了各算法性能；进一步探究了方向余弦阵中四元数提取算法及其算法本质，姿态阵和四元数的加权平均问题，拓展了 Wahba 问题的应用范围。

5.1 姿态描述参数及旋转误差

5.1.1 姿态描述参数

5.1.1.1 方向余弦阵

对于方向余弦阵 $\boldsymbol{A}_M^N$，每一列是 M 坐标系的三坐标轴在 N 系中的投影，即

$$\begin{aligned}\boldsymbol{A}_M^N &= \begin{bmatrix} \boldsymbol{x}_N^0 \cdot \boldsymbol{x}_M^0 & \boldsymbol{x}_N^0 \cdot \boldsymbol{y}_M^0 & \boldsymbol{x}_N^0 \cdot \boldsymbol{z}_M^0 \\ \boldsymbol{y}_N^0 \cdot \boldsymbol{x}_M^0 & \boldsymbol{y}_N^0 \cdot \boldsymbol{y}_M^0 & \boldsymbol{y}_N^0 \cdot \boldsymbol{z}_M^0 \\ \boldsymbol{z}_N^0 \cdot \boldsymbol{x}_M^0 & \boldsymbol{z}_N^0 \cdot \boldsymbol{y}_M^0 & \boldsymbol{z}_N^0 \cdot \boldsymbol{z}_M^0 \end{bmatrix} \\ &\equiv [\boldsymbol{i} \quad \boldsymbol{j} \quad \boldsymbol{k}]\end{aligned} \tag{5.1}$$

因此，对于在 M 坐标系中定义的矢量 $\boldsymbol{r}^M = [r_x \quad r_y \quad r_z]^{\mathrm{T}}$，其在 N 系中的描述为

$$\begin{aligned}\boldsymbol{r}^N &= \boldsymbol{A}_M^N \boldsymbol{r}^M \\ &= [\boldsymbol{i} \quad \boldsymbol{j} \quad \boldsymbol{k}] \begin{bmatrix} r_x \\ r_y \\ r_z \end{bmatrix} \\ &= r_x \boldsymbol{i} + r_y \boldsymbol{j} + r_z \boldsymbol{k}\end{aligned} \tag{5.2}$$

5.1.1.2 欧拉轴/角和旋转矢量

由欧拉位移定理可知，旋转变换可由某一定轴旋转一个角度得到，设 $\boldsymbol{e}$ 为欧拉轴单位矢量，ϕ 为旋转角，则旋转矩阵可表示为[1]

$$
\begin{aligned}
\boldsymbol{A}(\boldsymbol{e},\ \phi) &= \begin{bmatrix} \cos\phi+e_1^2(1-\cos\phi) & e_1e_2(1-\cos\phi)+e_3\sin\phi & e_1e_3(1-\cos\phi)-e_2\sin\phi \\ e_1e_2(1-\cos\phi)-e_3\sin\phi & \cos\phi+e_2^2(1-\cos\phi) & e_2e_3(1-\cos\phi)+e_1\sin\phi \\ e_1e_3(1-\cos\phi)+e_2\sin\phi & e_2e_3(1-\cos\phi)-e_1\sin\phi & \cos\phi+e_3^2(1-\cos\phi) \end{bmatrix} \\
&= \cos\phi\boldsymbol{I}_{3\times3}+(1-\cos\phi)\boldsymbol{e}\boldsymbol{e}^{\mathrm{T}}-\sin\phi[\boldsymbol{e}\times] \\
&= \boldsymbol{I}_{3\times3}+(1-\cos\phi)[\boldsymbol{e}\times]^2-\sin\phi[\boldsymbol{e}\times]
\end{aligned}
\tag{5.3}
$$

若已知旋转矩阵 $\boldsymbol{A}$，则有

$$
\cos\phi=\frac{1}{2}[\mathrm{tr}(\boldsymbol{A})-1] \tag{5.4}
$$

$$
\boldsymbol{e}=\frac{1}{2\sin\phi}\begin{bmatrix} A_{23}-A_{32} \\ A_{31}-A_{13} \\ A_{12}-A_{21} \end{bmatrix} \tag{5.5}
$$

进一步，定义旋转矢量 $\boldsymbol{\phi}\equiv\phi\boldsymbol{e}$，则方程(5.3)可改写为

$$
\begin{aligned}
\boldsymbol{A}(\boldsymbol{\phi}) &= \cos|\boldsymbol{\phi}|\boldsymbol{I}_{3\times3}+\frac{(1-\cos|\boldsymbol{\phi}|)}{|\boldsymbol{\phi}|^2}\boldsymbol{\phi}\boldsymbol{\phi}^{\mathrm{T}}-\frac{\sin|\boldsymbol{\phi}|}{|\boldsymbol{\phi}|}[\boldsymbol{\phi}\times] \\
&= \boldsymbol{I}_{3\times3}+\frac{(1-\cos|\boldsymbol{\phi}|)}{|\boldsymbol{\phi}|^2}[\boldsymbol{\phi}\times]^2-\frac{\sin|\boldsymbol{\phi}|}{|\boldsymbol{\phi}|}[\boldsymbol{\phi}\times] \\
&= \boldsymbol{I}_{3\times3}+[(-\boldsymbol{\phi})\times]+\frac{1}{2}[(-\boldsymbol{\phi})\times]^2+\cdots
\end{aligned}
\tag{5.6}
$$

值得注意的是，当旋转角 ϕ 无穷小时，通常可记为 $\Delta\phi$，则注意到 $\sin\Delta\phi\approx\Delta\phi$，$\cos\Delta\phi\approx1$，则方向余弦阵变为

$$
\boldsymbol{A}=\boldsymbol{I}_{3\times3}-[\Delta\boldsymbol{\phi}\times]+O(|\Delta\boldsymbol{\phi}|^2) \tag{5.7}
$$

其中，$\Delta\boldsymbol{\phi}\equiv\Delta\phi\boldsymbol{e}$ 定义为无穷小旋转矢量，$\Delta\boldsymbol{\phi}$ 中各分量均为无穷小角。与有限大小旋转不同，当进行无穷小旋转时，可忽略二阶项及其高阶项。由定义可得

$$
\boldsymbol{A}(\boldsymbol{e},\ \phi_2)\boldsymbol{A}(\boldsymbol{e},\ \phi_1)=\boldsymbol{A}(\boldsymbol{e},\ \phi_1+\phi_2) \tag{5.8}
$$

再根据式(5.7)可得

$$
\boldsymbol{A}(\boldsymbol{e},\ \phi)=\lim_{N\to\infty}[\boldsymbol{A}(\boldsymbol{e},\ \phi/N)]^N=\lim_{N\to\infty}\left[I+\frac{1}{N}[(-\boldsymbol{\phi})\times]\right]^N=\exp\{[(-\boldsymbol{\phi})\times]\} \tag{5.9}
$$

其中，$\exp\{\cdot\}$ 为矩阵指数函数，事实上，对该矩阵指数函数进行泰勒展开可得

到式(5.6)。

5.1.1.3　欧拉角

根据欧拉定理，刚体绕固定点的角位移可以看作绕该点的若干次有限旋转的合成。从前面的分析可以看到，描述坐标系间的姿态运动，需要三个独立的参数(自由度)，因此可以将一个坐标系视为刚体，将其相对于另一坐标系的原点经过三次转动，使这两坐标系相应轴重合，这三次旋转中，每次的旋转轴都是被转动坐标系的坐标轴，每次转动的角即为欧拉角。根据旋转顺序可以将旋转分为对称转序和非对称转序两类

313，212，121，323，232，131，

312，213，123，321，231，132.

共有 12 种可能，其中最常用的是 3-1-3 和 3-1-2 两种旋转顺序，下面分别加以介绍。

首先定义三个坐标基为

$$\hat{\mathbf{1}} \equiv \begin{bmatrix} 1 \\ 0 \\ 0 \end{bmatrix}, \quad \hat{\mathbf{2}} \equiv \begin{bmatrix} 0 \\ 1 \\ 0 \end{bmatrix}, \quad \hat{\mathbf{3}} \equiv \begin{bmatrix} 0 \\ 0 \\ 1 \end{bmatrix} \tag{5.10}$$

并定义三个初等转换矩阵为

$$\boldsymbol{A}(\hat{\mathbf{1}},\ \theta) = \begin{bmatrix} 1 & 0 & 0 \\ 0 & \cos\theta & \sin\theta \\ 0 & -\sin\theta & \cos\theta \end{bmatrix}, \quad \boldsymbol{A}(\hat{\mathbf{2}},\ \theta) = \begin{bmatrix} \cos\theta & 0 & -\sin\theta \\ 0 & 1 & 0 \\ \sin\theta & 0 & \cos\theta \end{bmatrix},$$

$$\boldsymbol{A}(\hat{\mathbf{3}},\ \theta) = \begin{bmatrix} \cos\theta & \sin\theta & 0 \\ -\sin\theta & \cos\theta & 0 \\ 0 & 0 & 1 \end{bmatrix} \tag{5.11}$$

对于任意 $\hat{\boldsymbol{n}}$，有

$$\boldsymbol{A}(\hat{\boldsymbol{n}},\ \theta)\hat{\boldsymbol{n}} = \hat{\boldsymbol{n}} \tag{5.12}$$

现在考虑用三个连续绕体轴旋转的初等矩阵描述一个姿态转换矩阵，具有如下形式：

$$\boldsymbol{A}(\hat{\boldsymbol{n}}_1,\ \hat{\boldsymbol{n}}_2',\ \hat{\boldsymbol{n}}_3'';\ \varphi,\ \vartheta,\ \psi) = \boldsymbol{A}(\hat{\boldsymbol{n}}_3'',\ \psi)\boldsymbol{A}(\hat{\boldsymbol{n}}_2',\ \vartheta)\boldsymbol{A}(\hat{\boldsymbol{n}}_1,\ \varphi) \tag{5.13}$$

其中 $\hat{\boldsymbol{n}}_1$，$\hat{\boldsymbol{n}}_2'$，$\hat{\boldsymbol{n}}_3''$的取值为 $\hat{\mathbf{1}}$，$\hat{\mathbf{2}}$，$\hat{\mathbf{3}}$，均表示的是当前载体所对应的体轴，本章中采用习惯用法，定义 φ，ϑ，ψ 为依次旋转的欧拉角。

进一步考虑这三个旋转过程，将其分解为中间坐标系

$$\boldsymbol{E}''' \xleftarrow{A(\hat{\boldsymbol{n}}_3'',\psi)} \boldsymbol{E}'' \xleftarrow{A(\hat{\boldsymbol{n}}_2',\vartheta)} \boldsymbol{E}' \xleftarrow{A(\hat{\boldsymbol{n}}_1,\varphi)} \boldsymbol{E} \tag{5.14}$$

这里，定义 $\hat{\boldsymbol{n}}_1$ 是相对于 $\boldsymbol{E}$ 系或 $\boldsymbol{E}'$系的(可根据方程(5.12)得到)，有

$$\hat{\boldsymbol{n}}_1 \equiv (\hat{\boldsymbol{n}}_1)_E = (\hat{\boldsymbol{n}}_1)_{E'}, \quad \hat{\boldsymbol{n}}_2' \equiv (\hat{\boldsymbol{n}}_2')_{E'} = (\hat{\boldsymbol{n}}_2')_{E''}, \quad \hat{\boldsymbol{n}}_3'' \equiv (\hat{\boldsymbol{n}}_3'')_{E''} = (\hat{\boldsymbol{n}}_3'')_{E'''} \tag{5.15}$$

以 3-1-3 转序为例，姿态矩阵可描述为

$$\begin{aligned}\boldsymbol{A}_{313}(\varphi, \vartheta, \psi) &= \boldsymbol{A}(\hat{\boldsymbol{3}}, \psi)\boldsymbol{A}(\hat{\boldsymbol{1}}, \vartheta)\boldsymbol{A}(\hat{\boldsymbol{3}}, \varphi) \\ &= \begin{bmatrix} \cos\psi\cos\varphi-\sin\psi\cos\vartheta\sin\varphi & \cos\psi\sin\varphi+\sin\psi\cos\vartheta\cos\varphi & \sin\psi\sin\vartheta \\ -\sin\psi\cos\varphi-\cos\psi\cos\vartheta\sin\varphi & -\sin\psi\sin\varphi+\cos\psi\cos\vartheta\cos\varphi & \cos\psi\sin\vartheta \\ \sin\vartheta\sin\varphi & -\sin\vartheta\cos\varphi & \cos\vartheta \end{bmatrix}\end{aligned} \tag{5.16}$$

相应地，3-1-2 旋转顺序的姿态矩阵为

$$\begin{aligned}\boldsymbol{A}_{312}(\varphi, \vartheta, \psi) &= \boldsymbol{A}(\hat{\boldsymbol{2}}, \psi)\boldsymbol{A}(\hat{\boldsymbol{1}}, \vartheta)\boldsymbol{A}(\hat{\boldsymbol{3}}, \varphi) \\ &= \begin{bmatrix} \cos\psi\cos\varphi-\sin\psi\sin\vartheta\sin\varphi & \cos\psi\sin\varphi+\sin\psi\sin\vartheta\cos\varphi & -\sin\psi\cos\vartheta \\ -\cos\vartheta\sin\varphi & \cos\vartheta\cos\varphi & \sin\vartheta \\ \sin\psi\cos\varphi+\cos\psi\sin\vartheta\sin\varphi & \sin\psi\sin\varphi-\cos\psi\sin\vartheta\cos\varphi & \cos\psi\cos\vartheta \end{bmatrix}\end{aligned} \tag{5.17}$$

由式(5.16)可以看出，欧拉角并不唯一，事实上，有

$$\boldsymbol{A}_{313}(\varphi, \vartheta, \psi) = \boldsymbol{A}_{313}(\varphi+\pi, -\vartheta, \psi-\pi) \tag{5.18}$$

因此，为了保持欧拉角的唯一性，需要定义

$$0 \leqslant \varphi < 2\pi, \quad 0 \leqslant \vartheta \leqslant \pi, \quad 0 \leqslant \psi < 2\pi \tag{5.19}$$

式(5.18)中的欧拉角不明确性适用于所有 6 个对称转序，同样，对于 6 个非对称转序有如下等效关系

$$\boldsymbol{A}_{312}(\varphi, \vartheta, \psi) = \boldsymbol{A}_{312}(\varphi+\pi, \pi-\vartheta, \psi-\pi) \tag{5.20}$$

因此，定义

$$0 \leqslant \varphi < 2\pi, \quad -\pi/2 \leqslant \vartheta \leqslant \pi/2, \quad 0 \leqslant \psi < 2\pi \tag{5.21}$$

在计算机数值仿真中，当使用欧拉角定义初始姿态时，一定要保证初始欧拉角满足式(5.19)或式(5.21)，否则，会由于反解欧拉角不唯一导致姿态估计误差接近 180°。

5.1.1.4 四元数(欧拉对称参数)

目前，最常用的姿态参数是姿态四元数，其优点主要在于用其表示的姿态运动学方程为线性形式，计算量小，且不存在奇异性。四元数是一个四维矢量，定义为 $\boldsymbol{q} \equiv [\boldsymbol{\varrho}^{\mathrm{T}} \quad q_4]^{\mathrm{T}}$，其中 $\boldsymbol{\varrho} \equiv [q_1 \quad q_2 \quad q_3]^{\mathrm{T}} = \boldsymbol{e}\sin(\phi/2)$，$q_4 = \cos(\phi/2)$，于是方程(5.3)的欧拉公式可改写为[2]

$$\begin{aligned}\boldsymbol{A}(\boldsymbol{q}) &= (q_4^2 - \|\boldsymbol{\varrho}\|^2)\boldsymbol{I}_{3\times3} + 2\boldsymbol{\varrho}\boldsymbol{\varrho}^{\mathrm{T}} - 2q_4[\boldsymbol{\varrho}\times] \\ &= \boldsymbol{I}_{3\times3} - 2q_4[\boldsymbol{\varrho}\times] + 2[\boldsymbol{\varrho}\times]^2 = \boldsymbol{\Xi}^{\mathrm{T}}(\boldsymbol{q})\boldsymbol{\Psi}(\boldsymbol{q})\end{aligned} \tag{5.22}$$

或者

$$\boldsymbol{A}(\boldsymbol{q})=\begin{bmatrix} q_1^2-q_2^2-q_3^2+q_4^2 & 2(q_1q_2+q_3q_4) & 2(q_1q_3-q_2q_4) \\ 2(q_1q_2-q_3q_4) & -q_1^2+q_2^2-q_3^2+q_4^2 & 2(q_2q_3+q_1q_4) \\ 2(q_1q_3+q_2q_4) & 2(q_2q_3-q_1q_4) & -q_1^2-q_2^2+q_3^2+q_4^2 \end{bmatrix} \tag{5.23}$$

四元数的另外一个优点就是连续的姿态旋转可用四元数乘法进行描述，即 $\boldsymbol{A}(\boldsymbol{q}')\boldsymbol{A}(\boldsymbol{q})=\boldsymbol{A}(\boldsymbol{q}'\otimes\boldsymbol{q})$。其中，符号“$\otimes$”表示四元数乘法，具有双线性特性，满足[3]

$$\begin{cases} \boldsymbol{q}'\otimes\boldsymbol{q}=[\boldsymbol{\Psi}(\boldsymbol{q}') \quad \boldsymbol{q}']\boldsymbol{q}\equiv\{\boldsymbol{q}'\}_L\boldsymbol{q} & (5.24) \\ \boldsymbol{q}'\otimes\boldsymbol{q}=[\boldsymbol{\Xi}(\boldsymbol{q}) \quad \boldsymbol{q}]\boldsymbol{q}'\equiv\{\boldsymbol{q}\}_R\boldsymbol{q}' & (5.25) \end{cases}$$

其中，

$$\begin{cases} \boldsymbol{\Xi}(\boldsymbol{q})\equiv\begin{bmatrix} q_4\boldsymbol{I}_{3\times3}+[\boldsymbol{\varrho}\times] \\ -\boldsymbol{\varrho}^{\mathrm{T}} \end{bmatrix} \\ \boldsymbol{\Psi}(\boldsymbol{q})\equiv\begin{bmatrix} q_4\boldsymbol{I}_{3\times3}-[\boldsymbol{\varrho}\times] \\ -\boldsymbol{\varrho}^{\mathrm{T}} \end{bmatrix} \end{cases} \tag{5.26}$$

分析可知，$\{\boldsymbol{q}\}_L$，$\{\boldsymbol{q}\}_R$ 均为四阶正交矩阵，且满足 $\{\boldsymbol{q}^{-1}\}_L=\{\boldsymbol{q}\}_L^{-1}=\{\boldsymbol{q}\}_L^{\mathrm{T}}$，$\{\boldsymbol{q}^{-1}\}_R=\{\boldsymbol{q}\}_R^{-1}=\{\boldsymbol{q}\}_R^{\mathrm{T}}$，进一步注意到

$$\{\boldsymbol{q}\}_L\{\boldsymbol{q}^{-1}\}_R=\{\boldsymbol{q}^{-1}\}_R\{\boldsymbol{q}\}_L=\begin{bmatrix} \boldsymbol{A}(\boldsymbol{q}) & \boldsymbol{0}_{3\times1} \\ \boldsymbol{0}_{3\times1}^{\mathrm{T}} & 1 \end{bmatrix} \tag{5.27}$$

对于任意一个三维矢量 $\boldsymbol{v}$，定义它的广义四元数为

$$\bar{\boldsymbol{v}}\equiv\begin{bmatrix} \boldsymbol{v} \\ 0 \end{bmatrix} \tag{5.28}$$

则根据式(5.27)可得

$$\bar{\boldsymbol{v}}'\equiv\begin{bmatrix} \boldsymbol{v}' \\ 0 \end{bmatrix}=\begin{bmatrix} \boldsymbol{A}(\boldsymbol{q})\boldsymbol{v} \\ 0 \end{bmatrix}\boldsymbol{q}\otimes\bar{\boldsymbol{v}}\otimes\boldsymbol{q}^{-1} \tag{5.29}$$

因此，矢量的坐标旋转变成了四元数代数运算。另外，四元数满足正交性约束条件 $\|\boldsymbol{q}\|=1$，其逆定义为 $\boldsymbol{q}^{-1}=[-\boldsymbol{\varrho}^{\mathrm{T}} \quad q_4]^{\mathrm{T}}$，满足 $\boldsymbol{q}\otimes\boldsymbol{q}^{-1}=\boldsymbol{q}^{-1}\otimes\boldsymbol{q}=[0 \quad 0 \quad 0 \quad 1]^{\mathrm{T}}$。

5.1.1.5　修正罗德里格参数

修正罗德里格参数(MRPs)是一组三分量姿态描述参数，可由四元数转换得到[1]：

$$\boldsymbol{p}\equiv\boldsymbol{\varrho}/(1+q_4)=\boldsymbol{e}\tan(\phi/4) \tag{5.30}$$

式中：$\boldsymbol{p}=[p_1 \quad p_2 \quad p_3]^{\mathrm{T}}$；$\boldsymbol{e}$ 为单位欧拉旋转轴；ϕ 为旋转角。分析可知，当

$\|\varphi\|\to 2\pi$，使得$\|\boldsymbol{p}\|\to\infty$，MRPs 出现奇异。由于四元数在旋转群中满足 2∶1 的匹配关系，即四元数 $\boldsymbol{q}$ 和 $-\boldsymbol{q}$ 描述同一个旋转关系，那么根据式(5.30)同样可以定义影子 MRPs $\boldsymbol{p}^s=-\boldsymbol{p}/|\boldsymbol{p}|^2$。显然，利用 $\boldsymbol{p}$ 和 $\boldsymbol{p}^s$ 之间的切换，MRPs 可实现全局非奇异姿态描述。

相应地，四元数也可以由 MRPs 转换得到，即

$$\boldsymbol{q}=\pm\frac{1}{1+|\boldsymbol{p}|^2}\begin{bmatrix}2\boldsymbol{p}\\1-|\boldsymbol{p}|^2\end{bmatrix} \tag{5.31}$$

姿态矩阵可用 MRPs 描述为

$$\boldsymbol{A}(\boldsymbol{p})=\boldsymbol{I}_{3\times3}-4\frac{(1-\boldsymbol{p}^{\mathrm{T}}\boldsymbol{p})}{(1+\boldsymbol{p}^{\mathrm{T}}\boldsymbol{p})^2}[\boldsymbol{p}\times]+\frac{8}{(1+\boldsymbol{p}^{\mathrm{T}}\boldsymbol{p})^2}[\boldsymbol{p}\times]^2 \tag{5.32}$$

5.1.2 旋转误差

假设 $\boldsymbol{A}$ 为姿态矩阵的估值，是个随机变量，$\boldsymbol{A}_{\text{true}}$ 为它的真值，$\boldsymbol{A}$ 与 $\boldsymbol{A}_{\text{true}}$ 非常接近，于是可得

$$\boldsymbol{A}=(\delta\boldsymbol{A})\boldsymbol{A}_{\text{true}} \tag{5.33}$$

若用姿态真值和估值之间的旋转欧拉角去衡量估计误差，则有

$$\cos\phi_{\text{err}}=\frac{1}{2}[\operatorname{tr}(\boldsymbol{A}\boldsymbol{A}_{\text{true}}^{\mathrm{T}})-1] \tag{5.34}$$

又根据范数性质以及姿态阵的正交性可得

$$\|\boldsymbol{A}-\boldsymbol{A}_{\text{true}}\|^2=\operatorname{tr}[(\boldsymbol{A}-\boldsymbol{A}_{\text{true}})(\boldsymbol{A}-\boldsymbol{A}_{\text{true}})^{\mathrm{T}}]=6-2\operatorname{tr}(\boldsymbol{A}\boldsymbol{A}_{\text{true}}^{\mathrm{T}}) \tag{5.35}$$

联立式(5.34)和式(5.35)整理可得

$$\phi_{\text{err}}(\boldsymbol{A})=2\sin^{-1}(\|\boldsymbol{A}-\boldsymbol{A}_{\text{true}}\|/\sqrt{8}) \tag{5.36}$$

于是，式(5.34)和式(5.36)可用来衡量姿态阵估值与真值之间的旋转误差。

另外，随机姿态矩阵又可以写作

$$\boldsymbol{A}=\mathrm{e}^{[(-\Delta\tilde{\boldsymbol{\phi}})\times]}\boldsymbol{A}_{\text{true}}=(\boldsymbol{I}_{3\times3}-[\Delta\tilde{\boldsymbol{\phi}}\times]+O(|\Delta\tilde{\boldsymbol{\phi}}|^2))\boldsymbol{A}_{\text{true}} \tag{5.37}$$

一般来说，在姿态估计问题中通常定义 $\Delta\boldsymbol{\phi}$ 为预测体轴中测量得到的姿态误差矢量，这里加以区别定义 $\Delta\tilde{\boldsymbol{\phi}}$ 为真实体轴中测量得到的误差角增量，若不考虑系统误差(如未得到补偿的敏感器漂移和失准)，在大多数实际情况中可认为

$$\mathrm{E}\{\Delta\tilde{\boldsymbol{\phi}}\}=\boldsymbol{0} \tag{5.38}$$

于是姿态方差阵为

$$P_{\tilde{\boldsymbol{\phi}}\tilde{\boldsymbol{\phi}}}=\mathrm{E}\{\Delta\tilde{\boldsymbol{\phi}}\Delta\tilde{\boldsymbol{\phi}}^{\mathrm{T}}\} \tag{5.39}$$

根据式(5.33)和式(5.37)可得姿态矩阵中各元素的误差为

$$\Delta \boldsymbol{A} \equiv \boldsymbol{A}-\boldsymbol{A}_{\text{true}}=-[\Delta \tilde{\boldsymbol{\phi}} \times] \boldsymbol{A} \tag{5.40}$$

为了某些计算目的，亦可定义方差阵

$$\boldsymbol{P}_{AA}=\mathrm{E}\{\Delta \boldsymbol{A} \Delta \boldsymbol{A}^{\mathrm{T}}\} \tag{5.41}$$

根据式(5.40)，可得 $\boldsymbol{P}_{AA}$ 与 $\boldsymbol{P}_{\tilde{\phi}\tilde{\phi}}$ 满足

$$\boldsymbol{P}_{AA}=(\operatorname{tr} \boldsymbol{P}_{\tilde{\phi}\tilde{\phi}}) \boldsymbol{I}_{3\times3}-\boldsymbol{P}_{\tilde{\phi}\tilde{\phi}} \tag{5.42}$$

$$\boldsymbol{P}_{\tilde{\phi}\tilde{\phi}}=\frac{1}{2}(\operatorname{tr} \boldsymbol{P}_{AA}) \boldsymbol{I}_{3\times3}-\boldsymbol{P}_{AA} \tag{5.43}$$

5.2　Wahba 问题的求解

几乎所有基于矢量观测的姿态确定问题都可以归结为 Wahba 问题。1965 年，Wahba 提出利用矢量观测信息确定航天器的姿态问题[4]，其核心是求解行列式为+1 的最优正交矩阵，使得损失函数

$$L(\boldsymbol{A}) \equiv \frac{1}{2} \sum_i a_i |\boldsymbol{b}_i-\boldsymbol{A}\boldsymbol{r}_i|^2 \tag{5.44}$$

最小。

式中：$\boldsymbol{b}_i$ 为一组在航天器体系中观测得到的单位矢量；$\boldsymbol{r}_i$ 为相应的参考系中的单位矢量；a_i 为非负的权重系数。

利用矩阵迹的轮换不变性，整理式(5.44)可得

$$\begin{aligned} L(\boldsymbol{A}) &\equiv \frac{1}{2} \sum_i a_i(|\boldsymbol{b}_i|^2+|\boldsymbol{A}\boldsymbol{r}_i|^2)-\sum_i a_i \boldsymbol{b}_i^{\mathrm{T}} \boldsymbol{A} \boldsymbol{r}_i \\ &=\Big(\sum_i a_i\Big)-\operatorname{tr}(\boldsymbol{A}\boldsymbol{B}^{\mathrm{T}}) \equiv \lambda_o-g(\boldsymbol{A}) \end{aligned} \tag{5.45}$$

其中，

$$g(\boldsymbol{A})=\operatorname{tr}(\boldsymbol{A}\boldsymbol{B}^{\mathrm{T}})=\operatorname{tr}(\boldsymbol{B}^{\mathrm{T}}\boldsymbol{A}) \tag{5.46}$$

$$\boldsymbol{B} \equiv \sum_i a_i \boldsymbol{b}_i \boldsymbol{r}_i^{\mathrm{T}} \tag{5.47}$$

因此，姿态确定问题转化为如何最大化 $\operatorname{tr}(\boldsymbol{A}\boldsymbol{B}^{\mathrm{T}})$。事实上，该问题又可等价于矩阵论中的正交 Procrustes 问题，即寻找一个正交矩阵 $\boldsymbol{A}$ 使其与给定矩阵 $\boldsymbol{B}$ 在 Frobenius(或 Euclidean，Schur，Hilbert-Schmidt)范数空间距离最近，具体描述如下：

$$\|\boldsymbol{A}-\boldsymbol{B}\|^2=\operatorname{tr}[(\boldsymbol{A}-\boldsymbol{B})(\boldsymbol{A}-\boldsymbol{B})^{\mathrm{T}}]=3-2\operatorname{tr}(\boldsymbol{A}\boldsymbol{B}^{\mathrm{T}})+\|\boldsymbol{B}\|^2 \tag{5.48}$$

可以看出，在已知$\|\boldsymbol{B}\|$的情况下，最大化 $\operatorname{tr}(\boldsymbol{A}\boldsymbol{B}^{\mathrm{T}})$的过程即是寻找一个正交

矩阵 $\boldsymbol{A}$ 使得 $\|\boldsymbol{A}-\boldsymbol{B}\|$ 最小，但 Wahba 问题额外限制了矩阵 $\boldsymbol{A}$ 的行列式必为+1。

5.2.1 q-算法

直到 1968 年 Davenport 提出了 q-算法，Wahba 问题的求解才取得了重大突破，主要是利用四元数参数化姿态矩阵 $\boldsymbol{A}$。由于姿态矩阵 $A(\boldsymbol{q})$ 是 $\boldsymbol{q}$ 的齐次二次函数，将式(5.22)代入式(5.46)可得

$$\begin{aligned}\mathrm{tr}(\boldsymbol{A}\boldsymbol{B}^{\mathrm{T}}) &= \mathrm{tr}\{(q_4^2-\|\boldsymbol{\varrho}\|^2)\boldsymbol{I}_{3\times3}\boldsymbol{B}^{\mathrm{T}}\}+2\mathrm{tr}(\boldsymbol{\varrho}\boldsymbol{\varrho}^{\mathrm{T}}\boldsymbol{B}^{\mathrm{T}})-2q_4\mathrm{tr}([\boldsymbol{\varrho}\times]\boldsymbol{B}^{\mathrm{T}}) \\ &= (q_4^2-\|\boldsymbol{\varrho}\|^2)\mathrm{tr}\boldsymbol{B}+2\mathrm{tr}(\boldsymbol{\varrho}^{\mathrm{T}}\boldsymbol{B}^{\mathrm{T}}\boldsymbol{\varrho})-2q_4\boldsymbol{\varrho}^{\mathrm{T}}z \\ &= q_4^2\mathrm{tr}\boldsymbol{B}-\boldsymbol{\varrho}^{\mathrm{T}}\boldsymbol{I}_{3\times3}\mathrm{tr}\boldsymbol{B}\,\boldsymbol{\varrho}+\boldsymbol{\varrho}^{\mathrm{T}}\boldsymbol{B}^{\mathrm{T}}\boldsymbol{\varrho}+\boldsymbol{\varrho}^{\mathrm{T}}\boldsymbol{B}\,\boldsymbol{\varrho}-q_4\boldsymbol{\varrho}^{\mathrm{T}}z-\boldsymbol{q}_4 z^{\mathrm{T}}\boldsymbol{\varrho} \\ &= [\boldsymbol{\varrho}^{\mathrm{T}}\quad q_4]\begin{bmatrix}\boldsymbol{S}-\boldsymbol{I}_{3\times3}\mathrm{tr}\boldsymbol{B} & z \\ z^{\mathrm{T}} & \mathrm{tr}\boldsymbol{B}\end{bmatrix}\begin{bmatrix}\boldsymbol{\varrho} \\ q_4\end{bmatrix}\end{aligned} \tag{5.49}$$

式中：$\boldsymbol{S}=\boldsymbol{B}+\boldsymbol{B}^{\mathrm{T}}$；$\boldsymbol{z}\equiv\{\boldsymbol{B}_{23}-\boldsymbol{B}_{32},\ \boldsymbol{B}_{31}-\boldsymbol{B}_{13},\ \boldsymbol{B}_{12}-\boldsymbol{B}_{21}\}^{\mathrm{T}}=\sum_i a_i\boldsymbol{b}_i\times\boldsymbol{r}_i$，于是，式(5.46)可变换为关于四元数 $\boldsymbol{q}$ 的函数，

$$g(\boldsymbol{q})\equiv g(\boldsymbol{A}(\boldsymbol{q}))=\mathrm{tr}(\boldsymbol{A}\boldsymbol{B}^{\mathrm{T}})=\boldsymbol{q}^{\mathrm{T}}\boldsymbol{K}\boldsymbol{q} \tag{5.50}$$

其中，

$$\boldsymbol{K}=\begin{bmatrix}\boldsymbol{S}-\boldsymbol{I}_{3\times3}\mathrm{tr}\boldsymbol{B} & \boldsymbol{z} \\ \boldsymbol{z}^{\mathrm{T}} & \mathrm{tr}\boldsymbol{B}\end{bmatrix} \tag{5.51}$$

分析可知，$\boldsymbol{K}$ 是迹为零的对称矩阵，且是关于 $\boldsymbol{B}$ 的线性齐次函数，即有

$$\boldsymbol{K}(\boldsymbol{B}_1+\boldsymbol{B}_2)=\boldsymbol{K}(\boldsymbol{B}_1)+\boldsymbol{K}(\boldsymbol{B}_2) \tag{5.52}$$

由式(5.47)和式(5.52)可以看出，计算 $\boldsymbol{K}$ 阵的过程可以通过递推完成，这也是 Bar-Itzhack 提出 REQUEST[5]算法的理论基础。

明显地，最优单位四元数就等于 $\boldsymbol{K}$ 矩阵的最大特征值对应的归一化特征矢量，即满足

$$\boldsymbol{K}\boldsymbol{q}_{\mathrm{opt}}=\lambda_{\max}\boldsymbol{q}_{\mathrm{opt}} \tag{5.53}$$

该四元数特征值方程最早应用于 HERO(High Energy Astronomy Observatory)任务的地面支持软件中。值得注意的是，虽然有许多鲁棒性算法可求解对称矩阵的特征值问题，但其在线计算速度非常慢，而在离线的情况下借助 Matlab 软件可以轻易地实现。其后提出的 QUEST 算法[6]、ESOQ 算法[7]以及 ESOQ2 算法[8]均是求解该特征值问题的快速鲁棒性算法，因此它们在计算精度方面基本无差异，差别主要集中于计算速度上。另外，当 $\boldsymbol{K}$ 矩阵最大的两个特征值相等时，其解不唯一，这并不是 q-算法本身的问题，而是说明观测信息本身不足以唯一地确定航天器姿态。

5.2.2 QUEST法

5.2.2.1 QUEST算法

QUEST算法[6]最早应用于1979年的MAGSAT任务，也是迄今为止解决Wahba问题的最常用算法。该算法来源于Davenport提出的q-算法，它将求解$\boldsymbol{K}$矩阵的特征值问题转换为求解一个四阶方程根的问题，从而使算法速度加快。

方程(5.53)等价于下列两个方程：

$$[(\lambda_{\max}+\mathrm{tr}\boldsymbol{B})\boldsymbol{I}_{3\times3}-\boldsymbol{S}]\boldsymbol{\varrho}=q_4\boldsymbol{z} \tag{5.54}$$

$$(\lambda_{\max}-\mathrm{tr}\boldsymbol{B})q_4=\boldsymbol{\varrho}^{\mathrm{T}}\boldsymbol{z} \tag{5.55}$$

由方程(5.54)可得

$$\begin{aligned}\boldsymbol{\varrho}&=q_4[(\lambda_{\max}+\mathrm{tr}\boldsymbol{B})\boldsymbol{I}_{3\times3}-\boldsymbol{S}]^{-1}\boldsymbol{z}\\&=q_4\{\mathrm{adj}[(\lambda_{\max}+\mathrm{tr}\boldsymbol{B})\boldsymbol{I}_{3\times3}-\boldsymbol{S}]\}\boldsymbol{z}/\det[(\lambda_{\max}+\mathrm{tr}\boldsymbol{B})\boldsymbol{I}_{3\times3}-\boldsymbol{S}]\end{aligned} \tag{5.56}$$

根据Cayley-Hamilton理论，对于一般3×3矩阵$\boldsymbol{G}$有

$$\boldsymbol{G}^3-(\mathrm{tr}\boldsymbol{G})\boldsymbol{G}^2+[\mathrm{tr}(\mathrm{adj}\boldsymbol{G})]\boldsymbol{G}-(\det\boldsymbol{G})\boldsymbol{I}_{3\times3}=0 \tag{5.57}$$

其中，$\mathrm{adj}\boldsymbol{G}$是$\boldsymbol{G}$的经典伴随矩阵，伴随矩阵还可以表示为

$$\mathrm{adj}\boldsymbol{G}=\boldsymbol{G}^2-(\mathrm{tr}\boldsymbol{G})\boldsymbol{G}+[\mathrm{tr}(\mathrm{adj}\boldsymbol{G})]\boldsymbol{I}_{3\times3} \tag{5.58}$$

特别地，

$$\mathrm{adj}[(\lambda_{\max}+\mathrm{tr}\boldsymbol{B})\boldsymbol{I}_{3\times3}-\boldsymbol{S}]=\alpha\boldsymbol{I}_{3\times3}+\beta\boldsymbol{S}+\boldsymbol{S}^2 \tag{5.59}$$

其中，

$$\alpha\equiv\lambda_{\max}^2-(\mathrm{tr}\boldsymbol{B})^2+\mathrm{tr}(\mathrm{adj}\boldsymbol{S}) \tag{5.60}$$

$$\beta\equiv\lambda_{\max}-\mathrm{tr}\boldsymbol{B} \tag{5.61}$$

令

$$\gamma\equiv\det[(\lambda_{\max}+\mathrm{tr}\boldsymbol{B})\boldsymbol{I}_{3\times3}-\boldsymbol{S}]=\alpha(\lambda_{\max}+\mathrm{tr}\boldsymbol{B})-\det\boldsymbol{S} \tag{5.62}$$

那么，最优四元数可以表示为

$$\boldsymbol{q}_{\mathrm{opt}}=\frac{1}{\sqrt{\gamma^2+|\boldsymbol{x}|^2}}\begin{bmatrix}\boldsymbol{x}\\\gamma\end{bmatrix} \tag{5.63}$$

其中，

$$\boldsymbol{x}\equiv(\alpha\boldsymbol{I}_{3\times3}+\beta\boldsymbol{S}+\boldsymbol{S}^2)\boldsymbol{z} \tag{5.64}$$

所有这些计算都要求解出$\lambda_{\max}$，把式(5.56)代入式(5.55)可得

$$0=\psi(\lambda_{\max})\equiv\gamma(\lambda_{\max}-\mathrm{tr}\boldsymbol{B})-\boldsymbol{z}^{\mathrm{T}}(\alpha\boldsymbol{I}_{3\times3}+\beta\boldsymbol{S}+\boldsymbol{S}^2)\boldsymbol{z} \tag{5.65}$$

将式(5.60)~式(5.62)代入上式可得关于$\lambda_{\max}$的四阶方程为

$$\lambda^4-(a+b)\lambda^2-c\lambda+(ab+c\sigma-d)=0 \tag{5.66}$$

其中，

$$\begin{cases} a=(\mathrm{tr}\boldsymbol{B})^2-\mathrm{tr}(\mathrm{adj}\boldsymbol{S}), \quad b=(\mathrm{tr}\boldsymbol{B})^2+\boldsymbol{z}^{\mathrm{T}}\boldsymbol{z} \\ c=\det\boldsymbol{S}+\boldsymbol{z}^{\mathrm{T}}\boldsymbol{S}\boldsymbol{z}, \quad d=\boldsymbol{z}^{\mathrm{T}}\boldsymbol{S}^2\boldsymbol{z} \\ \sigma=\mathrm{tr}\boldsymbol{B} \end{cases} \tag{5.67}$$

事实上，其特征方程可化简为 $\det[\boldsymbol{K}-\lambda_{\max}\boldsymbol{I}_{4\times4}]=0$，Mortari 给出了其闭环解析解，该方法将在 ESOQ2 算法中详细介绍。Shuster 指出 $\lambda_{\max}$ 大小与 $\lambda_o\equiv\sum_i a_i$ 很接近，这样优化的损失函数为

$$L(\boldsymbol{A}_{\mathrm{opt}})=\lambda_o-\lambda_{\max} \tag{5.68}$$

所以，$\lambda_{\max}$ 可以利用 Newton-Raphson 迭代法求解方程(5.66)得到，初值取为 λ_0，迭代过程如下：

$$\lambda_{i+1}=\lambda_i-\frac{\lambda_i^4-(a+b)\lambda_i^2-c\lambda_i+(ab+c\sigma-d)}{4\lambda_i^3-2(a+b)\lambda_i-c} \tag{5.69}$$

实际上，一次迭代计算就足够了，但数值分析表明通过求解特征方程求解出特征值并不是一个好办法，因此说 QUEST 算法从原理上不如 q-算法鲁棒性强。

对于式(5.63)来说，当

$$\gamma^2+|\boldsymbol{x}|^2=0 \tag{5.70}$$

时，其最优四元数是无法取的。因此 Shuster 通过坐标轴旋转来解决这个问题，有必要对坐标轴的旋转次数进行限制，因为这在某种程度上增加了计算量。把式(5.64)代入式(5.70)，运用两次 Cayley-Hamilton 理论消去 $\boldsymbol{S}^4$ 和 $\boldsymbol{S}^3$ 项，经过一系列代数运算得

$$\gamma^2+|\boldsymbol{x}|^2=\gamma(\mathrm{d}\psi/\mathrm{d}\lambda) \tag{5.71}$$

其中，$\psi(\lambda)$ 是由式(5.65)显式定义的二次函数，可以证明 $\mathrm{d}\psi/\mathrm{d}\lambda$ 在旋转过程中保持不变，且其值非零，因而可以通过 Newton-Raphson 迭代法求得 $\lambda_{\max}$。式(5.70)的奇异条件等价于 $\gamma=0$，这也就意味着 $(q_{\mathrm{opt}})_4=0$ 且最优姿态旋转 180°。通过连续旋转可以找到一个 γ 满足

$$(q_{\mathrm{opt}})_4>q_{\min} \tag{5.72}$$

对于任意位于(0，0.5)区间的 $q_{\min}$，令

$$\gamma>q_{\min}^2(\mathrm{d}\psi/\mathrm{d}\lambda) \tag{5.73}$$

在实际计算过程中，取 $q_{\min}=0.1$ 就足够了。

5.2.2.2 QUEST 测量模型

Shuster 指出几乎所有的观测误差分布集中在一个接近 $\boldsymbol{A}\boldsymbol{r}_i$ 方向的小区域，因此观测误差只有两个自由度，在该点可以用一个切平面近似，于是有

$$\tilde{\boldsymbol{b}}_i=\boldsymbol{A}\boldsymbol{r}_i+\boldsymbol{v}_i,\qquad \boldsymbol{v}_i^{\mathrm{T}}\boldsymbol{A}\boldsymbol{r}_i=0 \tag{5.74}$$

其中，$\tilde{\boldsymbol{b}}_i$ 为观测量，敏感器误差 $\boldsymbol{v}_i$ 近似为高斯噪声，满足

$$\mathrm{E}\{\boldsymbol{v}_i\}=\boldsymbol{0} \tag{5.75}$$

$$\mathrm{E}\{\boldsymbol{v}_i\boldsymbol{v}_i^{\mathrm{T}}\}=\sigma_i^2[\boldsymbol{I}-(\boldsymbol{A}\boldsymbol{r}_i)(\boldsymbol{A}\boldsymbol{r}_i)^{\mathrm{T}}] \tag{5.76}$$

式(5.76)就是著名的 QUEST 观测模型，实际上，在这里假设了观测误差呈圆形分布，而非通常的椭圆形分布，这给计算带来了方便，同时也是不精确的。不过，对于小视场敏感器而言该误差模型非常准确，而针对大视场敏感器情形，Cheng 利用一阶泰勒展开近似扩展了 QUEST 测量模型[9]。同时，该模型也是对 QUEST 和 TRAID 算法进行方差分析的基础，在这个假设条件下，姿态误差协方差阵就是权重 a_i 函数，为了使得 $L(A)$ 最小，选择

$$a_i=\lambda_o\sigma_{\mathrm{tot}}^2/\sigma_i^2,\qquad i=1,\ 2,\ \cdots,\ N \tag{5.77}$$

其中，

$$\frac{1}{\sigma_{\mathrm{tot}}^2}\equiv\sum_{k=1}^{N}\frac{1}{\sigma_k^2} \tag{5.78}$$

一般来说，可选取 $\lambda_o=1$(标准化权重)或 $\lambda_o=1/\sigma_{\mathrm{tot}}^2$(非标准化权重)，后者的权重系数形式更为常见。

5.2.2.3　方差分析

本小节利用 Fisher 信息阵对 QUEST 法进行方差分析，基本思想是随着数据量不断增大并趋近于无穷时，Fisher 信息矩阵则不断趋向于估计误差方差阵的逆，即有

$$\lim_{n\to\infty}\boldsymbol{F}_{xx}=\boldsymbol{P}_{xx}^{-1} \tag{5.79}$$

式中，关于参数矢量 $\boldsymbol{x}$ 的 Fisher 信息矩阵定义为

$$\boldsymbol{F}_{xx}=\mathrm{E}\left\{\frac{\partial^2}{\partial\boldsymbol{x}\partial\boldsymbol{x}^{\mathrm{T}}}J(\boldsymbol{x})\right\}_{\boldsymbol{x}_{\mathrm{true}}} \tag{5.80}$$

如果观测量关于参数矢量是线性的，且满足高斯分布，则方程(5.79)对于有限大小的 n 也是成立的。由于四元数各分量之间不相互独立，所以利用四元数并不好定义 Fisher 信息矩阵，因此这里 Fisher 信息矩阵的定义采用误差角增量 $\Delta\tilde{\boldsymbol{\phi}}$，结合式(5.37)和式(5.45)可定义

$$J(\Delta\tilde{\boldsymbol{\phi}})=\lambda_o-\mathrm{tr}(\mathrm{e}^{[(-\Delta\tilde{\boldsymbol{\phi}})\times]}\boldsymbol{A}_{\mathrm{true}}\boldsymbol{B}_{\mathrm{true}}^{\mathrm{T}}) \tag{5.81}$$

将式(5.81)代入式(5.80)，对矩阵指数函数进行泰勒展开，同时注意到只有$[\Delta\tilde{\boldsymbol{\phi}}\times]$的二阶项起作用，得到

$$F_{\tilde{\phi}\tilde{\phi}} = -\frac{\partial^2}{\partial\Delta\tilde{\boldsymbol{\phi}}\partial\Delta\tilde{\boldsymbol{\phi}}^{\mathrm{T}}}\mathrm{tr}\left[\frac{1}{2}[\Delta\tilde{\boldsymbol{\phi}}\times]^2\boldsymbol{A}_{\mathrm{true}}\boldsymbol{B}_{\mathrm{true}}^{\mathrm{T}}\right] = \mathrm{tr}[\boldsymbol{A}_{\mathrm{true}}\boldsymbol{B}_{\mathrm{true}}^{\mathrm{T}}]\boldsymbol{I}_{3\times3} - \boldsymbol{A}_{\mathrm{true}}\boldsymbol{B}_{\mathrm{true}}^{\mathrm{T}} \tag{5.82}$$

注意到方程(5.47)，上述表达式可改写为

$$\boldsymbol{F}_{\tilde{\phi}\tilde{\phi}} = \sum_i a_i(\boldsymbol{I}_{3\times3} - \boldsymbol{b}_i\boldsymbol{b}_i^{\mathrm{T}}) \tag{5.83}$$

于是得到姿态误差协方差阵估计公式为

$$\boldsymbol{P}_{\tilde{\phi}\tilde{\phi}} = \left[\sum_i a_i(\boldsymbol{I}_{3\times3} - \boldsymbol{b}_i\boldsymbol{b}_i^{\mathrm{T}})\right]^{-1} \tag{5.84}$$

事实上，当考虑测量误差时，由于仅知道采样测量值(含误差)和姿态阵的估计值，而不知道观测量真值，不能直接使用式(5.84)，不过可近似用采样值代替真值估计姿态方差阵，即

$$\boldsymbol{P}'_{\tilde{\phi}\tilde{\phi}} = \left[\sum_i a_i(\boldsymbol{I}_{3\times3} - \tilde{\boldsymbol{b}}_i\tilde{\boldsymbol{b}}_i^{\mathrm{T}})\right]^{-1} \tag{5.85}$$

本章内容采用上标“′”表示采样值，Shuster 对式(5.82)进行了仔细分析，推导得出了对应式(5.47)中的采样 $\boldsymbol{B}'$ 阵实际上可称为姿态分布矩阵，它包含了准确的姿态信息和近似但也相当准确的姿态误差方差阵信息，即

$$\boldsymbol{B}' = \left[\frac{1}{2}\mathrm{tr}(\boldsymbol{P}'^{-1}_{\tilde{\phi}\tilde{\phi}})\boldsymbol{I}_{3\times3} - \boldsymbol{P}'^{-1}_{\tilde{\phi}\tilde{\phi}}\right]\boldsymbol{A}' \triangleq \boldsymbol{D}'\boldsymbol{A}' \tag{5.86}$$

式(5.86)中的对称阵 $\boldsymbol{D}'$ 与姿态信息矩阵 $\boldsymbol{P}'^{-1}_{\tilde{\phi}\tilde{\phi}}$ 密切相关，可称为姿态联合信息矩阵，将式(5.85)代入进一步可得

$$\boldsymbol{D}' = \frac{1}{2}\mathrm{tr}(\boldsymbol{P}'^{-1}_{\tilde{\phi}\tilde{\phi}})\boldsymbol{I}_{3\times3} - \boldsymbol{P}'^{-1}_{\tilde{\phi}\tilde{\phi}} = \sum_i a_i\tilde{\boldsymbol{b}}_i\tilde{\boldsymbol{b}}_i^{\mathrm{T}} \tag{5.87}$$

$$(\boldsymbol{P}'_{\tilde{\phi}\tilde{\phi}})^{-1} = (\mathrm{tr}\,\boldsymbol{D}')\boldsymbol{I}_{3\times3} - \boldsymbol{D}' \tag{5.88}$$

5.2.3 ESOQ2 算法

对于方程(5.66)，四阶特征方程又可描述为

$$\lambda^4 + a\lambda^3 + b\lambda^2 + c\lambda + d = 0 \tag{5.89}$$

其中，

$$\begin{cases} a = \mathrm{tr}[\boldsymbol{K}] = 0, & b = -2(\mathrm{tr}\boldsymbol{B})^2 + \mathrm{tr}[\mathrm{adj}(\boldsymbol{B}+\boldsymbol{B}^{\mathrm{T}})] - z^{\mathrm{T}}z \\ c = -\mathrm{tr}(\mathrm{adj}\boldsymbol{K}), & d = \det(\boldsymbol{K}) \end{cases} \tag{5.90}$$

方程(5.89)的三阶辅助方程具有形式

$$u^3 - bu^2 - 4du + 4bd - c^2 = 0 \tag{5.91}$$

可以得到其中一个解为

$$u_1=2\sqrt{p}\cos\left[\frac{1}{3}\cos^{-1}\left(\frac{q}{p^{3/2}}\right)\right]+\frac{b}{3} \tag{5.92}$$

式中：

$$p=\left(\frac{b}{3}\right)^2+\frac{4d}{3},\qquad q=\left(\frac{b}{3}\right)^3-4d\,\frac{b}{3}+\frac{c^2}{2} \tag{5.93}$$

于是，可得方程(5.89)的闭环解为

$$\begin{cases}\lambda_1=\dfrac{1}{2}(-g_1-\sqrt{-u_1-b-g_2})\\ \lambda_2=\dfrac{1}{2}(-g_1+\sqrt{-u_1-b-g_2})\\ \lambda_3=\dfrac{1}{2}(g_1-\sqrt{-u_1-b+g_2})\\ \lambda_4=\dfrac{1}{2}(g_1+\sqrt{-u_1-b+g_2})\end{cases},\qquad \begin{cases}g_1=\sqrt{u_1-b}\\ g_2=2\sqrt{u_1^2-4d}\end{cases} \tag{5.94}$$

文献[8]关于 λ 的求解公式，经推导和数值计算验证式(5.94)是准确无误的。容易看出，$\lambda_1\leqslant\lambda_2$ 和 $\lambda_3\leqslant\lambda_4$，由式(5.92)可得 $u_1\geqslant p^{1/2}+b/3\geqslant b/3$，从而可证得 $\lambda_2\leqslant\lambda_3$，于是有

$$-1\leqslant\lambda_1\leqslant\lambda_2\leqslant\lambda_3\leqslant\lambda_4=\lambda_{\max}\leqslant 1 \tag{5.95}$$

所以，可得 $\lambda_{\max}$ 的闭环解析解为

$$\lambda_{\max}=\frac{1}{2}\left(\sqrt{u_1-b}+\sqrt{-u_1-b-2\sqrt{u_1^2-4d}}\right) \tag{5.96}$$

对于 $n=2$ 的情况，该式化简为

$$\lambda_{\max}=\frac{1}{2}\left(\sqrt{2\sqrt{d}-b}+\sqrt{-2\sqrt{d}-b}\right) \tag{5.97}$$

将 $\boldsymbol{q}^{\mathrm{T}}=[\boldsymbol{e}^{\mathrm{T}}\sin(\phi/2)\quad \cos(\phi/2)]^{\mathrm{T}}$ 代入式(5.54)和式(5.55)中可得

$$(\lambda_{\max}-\mathrm{tr}\boldsymbol{B})\cos(\phi/2)=\boldsymbol{z}^{\mathrm{T}}\boldsymbol{e}\sin(\phi/2) \tag{5.98}$$

$$\boldsymbol{z}\cos(\phi/2)=[(\lambda_{\max}+\mathrm{tr}\boldsymbol{B})\boldsymbol{I}_{3\times3}-\boldsymbol{S}]\boldsymbol{e}\sin(\phi/2) \tag{5.99}$$

联立两式可得

$$\boldsymbol{M}\boldsymbol{e}\sin(\phi/2)=\boldsymbol{0}_{3\times1} \tag{5.100}$$

其中，

$$\boldsymbol{M}\equiv(\lambda_{\max}-\mathrm{tr}\boldsymbol{B})[(\lambda_{\max}+\mathrm{tr}\boldsymbol{B})\boldsymbol{I}_{3\times3}-\boldsymbol{S}]-\boldsymbol{z}\boldsymbol{z}^{\mathrm{T}} \tag{5.101}$$

方程(5.100)表明欧拉轴矢量 $\boldsymbol{e}$ 与矩阵 $\boldsymbol{M}$ 的所有行矢量相垂直，因此，最优欧拉轴可由 $\boldsymbol{M}$ 阵的两个行矢量叉乘得到。另外，$\boldsymbol{M}$ 矩阵为对称阵，可写作

$$\boldsymbol{M}=\begin{bmatrix}\boldsymbol{m}_1^{\mathrm{T}}\\\boldsymbol{m}_2^{\mathrm{T}}\\\boldsymbol{m}_3^{\mathrm{T}}\end{bmatrix}=\begin{bmatrix}m_a & m_x & m_y\\m_x & m_b & m_z\\m_y & m_z & m_c\end{bmatrix}\tag{5.102}$$

则最优欧拉轴 $\boldsymbol{e}$ 可为

$$\begin{aligned}\boldsymbol{e}_1&=\boldsymbol{m}_2\times\boldsymbol{m}_3=\{m_bm_c-m_z^2,\ m_ym_z-m_xm_c,\ m_xm_z-m_ym_b\}^{\mathrm{T}}\\\boldsymbol{e}_2&=\boldsymbol{m}_3\times\boldsymbol{m}_1=\{m_ym_z-m_xm_c,\ m_am_c-m_y^2,\ m_xm_y-m_zm_a\}^{\mathrm{T}}\\\boldsymbol{e}_3&=\boldsymbol{m}_1\times\boldsymbol{m}_2=\{m_xm_z-m_ym_b,\ m_xm_y-m_zm_a,\ m_am_b-m_x^2\}^{\mathrm{T}}\end{aligned}\tag{5.103}$$

所有的 $\boldsymbol{e}_i$ 均相互平行，考虑到数值计算精度，最优欧拉轴应选择 $\boldsymbol{e}_i$ 中模最大的。令 $\boldsymbol{e}_k$ 为最大的，则最优欧拉轴为

$$\boldsymbol{e}=\boldsymbol{e}_k/|\boldsymbol{e}_k|\tag{5.104}$$

将式(5.104)代入式(5.98)可得

$$(\lambda_{\max}-\mathrm{tr}\boldsymbol{B})|\boldsymbol{e}_k|\cos(\phi/2)=(\boldsymbol{z}\cdot\boldsymbol{e}_k)\sin(\phi/2)\tag{5.105}$$

于是存在标量 h 使得

$$\cos(\phi/2)=h(\boldsymbol{z}\cdot\boldsymbol{e}_k)\tag{5.106}$$

$$\sin(\phi/2)=h(\lambda_{\max}-\mathrm{tr}\boldsymbol{B})|\boldsymbol{e}_k|\tag{5.107}$$

将式(5.104)、式(5.106)、式(5.107)代入四元数的定义中可得

$$\boldsymbol{q}_{\mathrm{opt}}=\frac{1}{\sqrt{|(\lambda_{\max}-\mathrm{tr}\boldsymbol{B})\boldsymbol{e}_k|^2+(\boldsymbol{z}\cdot\boldsymbol{e}_k)^2}}\begin{bmatrix}(\lambda_{\max}-\mathrm{tr}\boldsymbol{B})\boldsymbol{e}_k\\\boldsymbol{z}\cdot\boldsymbol{e}_k\end{bmatrix}\tag{5.108}$$

从式(5.108)可以看出，在求解最优四元数的过程并不需要正交化旋转轴矢量。事实上，ESOQ2 算法中的 $\lambda_{\max}$ 闭环解可用来代替 QUEST 算法中的迭代法。

5.2.4 SVD 法

矩阵 $\boldsymbol{B}$ 可进行如下奇异值分解：

$$\boldsymbol{B}=\boldsymbol{U}\boldsymbol{\Sigma}\boldsymbol{V}^{\mathrm{T}}=\boldsymbol{U}\mathrm{diag}[\Sigma_{11}\ \Sigma_{22}\ \Sigma_{33}]\boldsymbol{V}^{\mathrm{T}}\tag{5.109}$$

其中，矩阵 $\boldsymbol{U}$ 和 $\boldsymbol{V}$ 是正交的，奇异值满足不等式条件 $\Sigma_{11}\geqslant\Sigma_{22}\geqslant\Sigma_{33}\geqslant0$，则有

$$\mathrm{tr}(\boldsymbol{A}\boldsymbol{B}^{\mathrm{T}})=\mathrm{tr}(\boldsymbol{A}\boldsymbol{V}\mathrm{diag}[\Sigma_{11}\ \Sigma_{22}\ \Sigma_{33}]\boldsymbol{U}^{\mathrm{T}})=\mathrm{tr}(\boldsymbol{U}^{\mathrm{T}}\boldsymbol{A}\boldsymbol{V}\mathrm{diag}[\Sigma_{11}\ \Sigma_{22}\ \Sigma_{33}])\tag{5.110}$$

要使矩阵迹最大化，且满足限制条件 $\det\boldsymbol{A}=1$，那么

$$\boldsymbol{U}^{\mathrm{T}}\boldsymbol{A}_{\mathrm{opt}}\boldsymbol{V}=\mathrm{diag}[1\quad 1\quad (\det\boldsymbol{U})(\det\boldsymbol{V})]\tag{5.111}$$

于是，得到最优姿态矩阵

$$\boldsymbol{A}_{\mathrm{opt}}=\boldsymbol{U}\mathrm{diag}[1\quad 1\quad (\det\boldsymbol{U})(\det\boldsymbol{V})]\boldsymbol{V}^{\mathrm{T}}\tag{5.112}$$

这里定义

$$s_1 \equiv \Sigma_{11}, \quad s_2 \equiv \Sigma_{22}, \quad s_3 \equiv (\det \boldsymbol{U})(\det \boldsymbol{V})\Sigma_{33} \tag{5.113}$$

且有 $s_1 \geqslant s_2 \geqslant |s_3|$，则姿态误差方差阵为

$$\boldsymbol{P} = \boldsymbol{U}\mathrm{diag}[(s_2+s_3)^{-1} \quad (s_3+s_1)^{-1} \quad (s_1+s_2)^{-1}]\boldsymbol{V}^{\mathrm{T}} \tag{5.114}$$

Davenport 的 $\boldsymbol{K}$ 矩阵的特征值为 $\lambda_{\max} \equiv \lambda_1 \geqslant \lambda_2 \geqslant \lambda_3 \geqslant \lambda_4$，与奇异值有如下关系：

$$\lambda_1 = s_1+s_2+s_3, \quad \lambda_2 = s_1-s_2-s_3, \quad \lambda_3 = -s_1+s_2-s_3, \quad \lambda_4 = -s_1-s_2+s_3 \tag{5.115}$$

因为矩阵 $\boldsymbol{K}$ 的迹为零，所以 $\boldsymbol{K}$ 矩阵的所有特征值之和为零，那么奇异(不可观)条件，即方差无穷大的条件为

$$s_2+s_3=0 \tag{5.116}$$

这等价于 $\lambda_1=\lambda_2$，与前述的 Davenport 的 q-算法不可观条件一致。

5.2.5　FOAM 法

矩阵 $\boldsymbol{B}$ 的奇异值分解可以给出 $\mathrm{adj}\boldsymbol{B}^{\mathrm{T}}$，$\det\boldsymbol{B}$，$\|\boldsymbol{B}\|^2$ 等量的表达式，则最优姿态矩阵为

$$\boldsymbol{A}_{\mathrm{opt}} = (\kappa\lambda_{\max} - \det\boldsymbol{B})^{-1}[(\kappa+\|\boldsymbol{B}\|^2)\boldsymbol{B} + \lambda_{\max}\mathrm{adj}\boldsymbol{B}^{\mathrm{T}} - \boldsymbol{B}\boldsymbol{B}^{\mathrm{T}}\boldsymbol{B}] \tag{5.117}$$

其中，

$$\kappa \equiv \frac{1}{2}(\lambda_{\max}^2 - \|\boldsymbol{B}\|^2) \tag{5.118}$$

值得注意的是，式(5.117)和式(5.118)中所有变量的计算并不需要对矩阵 $\boldsymbol{B}$ 进行 SVD 分解，事实上，$\lambda_{\max}$ 可以通过下式迭代计算得到：

$$\lambda_{\max} = \mathrm{tr}(\boldsymbol{A}_{\mathrm{opt}}\boldsymbol{B}^{\mathrm{T}}) = (\kappa\lambda_{\max} - \det\boldsymbol{B})^{-1}[(\kappa+\|\boldsymbol{B}\|^2)\boldsymbol{B} + 3\lambda_{\max}\det\boldsymbol{B} - \mathrm{tr}(\boldsymbol{B}\boldsymbol{B}^{\mathrm{T}}\boldsymbol{B}\boldsymbol{B}^{\mathrm{T}})] \tag{5.119}$$

或

$$0 = \psi(\lambda_{\max}) \equiv (\lambda_{\max}^2 - \|\boldsymbol{B}\|^2)^2 - 8\lambda_{\max}\det\boldsymbol{B} - 4\|\mathrm{adj}\boldsymbol{B}\|^2 \tag{5.120}$$

实际上，式(5.120)与式(5.65)是等价的，且有

$$\psi(\lambda) = (\lambda-s_1-s_2-s_3)(\lambda-s_1+s_2+s_3)(\lambda+s_1-s_2+s_3)(\lambda+s_1+s_2-s_3) \tag{5.121}$$

可以看出，该方程的根均为实根，即 q-算法中 $\boldsymbol{K}$ 矩阵的四个特征值。同样，可以利用 Newton-Raphson 算法对式(5.120)进行迭代求解，初值为 λ_0，定义 λ 估计值的序列为

$$\lambda_i = \lambda_{i-1} - \psi(\lambda_{i-1})/\psi'(\lambda_{i-1}), \quad i=1, 2, \cdots \tag{5.122}$$

将式(5.121)代入，可以看出该序列在无限精度运算下是单调递减的，但在有限精度运算下最终会产生 $\lambda_i \geqslant \lambda_{i-1}$，此时迭代终止，且 λ_{i-1} 为所求根。一般来说，迭代次数大概为 2~6 次。

另外，FOAM 算法给出了误差方差阵的简便形式，即

$$\boldsymbol{P}=(\kappa\lambda_{\max}-\det\boldsymbol{B})^{-1}(\kappa\boldsymbol{I}+\boldsymbol{B}\boldsymbol{B}^{\mathrm{T}}) \tag{5.123}$$

5.2.6 仿真实验与分析

为了比较上述各算法性能，本节进行 1000 次蒙特卡洛仿真试验。仿真条件：

(1) 星敏感器视轴矢量为$[1\quad 0\quad 0]^{\mathrm{T}}$，观测到五颗星在体系中的观测矢量分别为

$$\boldsymbol{b}_1=\begin{bmatrix}1\\0\\0\end{bmatrix},\quad \boldsymbol{b}_2=\begin{bmatrix}0.9784704\\0.2063872\\0\end{bmatrix},\quad \boldsymbol{b}_3=\begin{bmatrix}0.9784704\\-0.2063872\\0\end{bmatrix},$$

$$\boldsymbol{b}_4=\begin{bmatrix}0.9784704\\0\\0.2063872\end{bmatrix},\quad \boldsymbol{b}_5=\begin{bmatrix}0.9784704\\0\\-0.2063872\end{bmatrix}$$

(2) Matlab 中利用 unifrnd 命令产生均匀分布随机 3×3 矩阵，并用公式$\boldsymbol{A}_{\mathrm{orth}}=\boldsymbol{A}(\boldsymbol{A}^{\mathrm{T}}\boldsymbol{A})^{-\frac{1}{2}}$完成正交化，利用这些姿态矩阵将上述观测矢量转换到参考坐标系，并在每轴添加高斯白噪声($\sigma=10''$)，然后归一化得到参考矢量$\boldsymbol{r}_i$，$i=1,2,3,4,5$。此时，通过在参考矢量上加入白噪声，所以上述观测矢量$\boldsymbol{b}_i$仍然有效。

(3) 利用产生的$\boldsymbol{r}_i$，$\boldsymbol{b}_i$矢量构造姿态分布矩阵$\boldsymbol{B}$，并利用式(5.51)计算$\boldsymbol{K}$，进一步计算$\boldsymbol{K}$阵的特征值，此时分两种情况：① $\boldsymbol{K}$矩阵最大的两个特征值相等，由前面的知识可知，这种情况不能够进行姿态确定，产生的随机姿态矩阵无效，舍去；② $\boldsymbol{K}$矩阵最大的两个特征值不相等，产生的随机姿态矩阵有效，算作一次有效的打靶试验。

(4) 用q-算法、QUEST 法、ESOQ2 法、SVD 法以及 FOAM 法逐一求解，并比较旋转误差的统计量，旋转误差的计算公式见式(5.34)。

表 5.1 列出了星敏感器的估计误差，包括旋转误差、滚转误差、俯仰/偏航误差。

表 5.1 各算法估计误差

估计误差	q-算法	QUEST	ESOQ2	SVD	FOAM
$\phi_{\mathrm{err}}/('')$	20.9091	20.9091	20.9091	20.9091	20.9091
$x/('')$	19.3399	19.3399	19.3399	19.3399	19.3399
$yz/('')$	5.5683	5.5683	5.5683	5.5683	5.5683

从表 5.1 可以看出，这几种算法的计算精度没有本质差别，Matlab 中的特征值分解法和 SVD 法具有很好的鲁棒性，但算法比 QUEST 和 ESOQ2 法复杂，若从计算速度角度出发，推荐使用 QUEST 法和 ESOQ2 法。

另外，利用式(5.85)计算理论误差可得

$$\boldsymbol{P}=(10\text{arcsec})^2\left[5\boldsymbol{I}-\sum_{i=1}^{5}\boldsymbol{b}_i\boldsymbol{b}_i^{\mathrm{T}}\right]^{-1}=\text{diag}[586.6\quad 20.3\quad 20.3]\,\text{arcsec}^2 \tag{5.124}$$

进一步可得姿态估计误差的标准差为

$$\sigma_x=\sqrt{586.6}=24.22'',\qquad \sigma_{yz}=\sqrt{20.3+20.3}=6.37'' \tag{5.125}$$

对比式(5.125)和表 5.1 的结果，可见方差估计结果比较准确，另外，表 5.1 同时表明三轴估计精度不平衡，滚转轴的精度低于俯仰和偏航精度 1 个数量级。与传统的单视场星敏感器相比，多视场星敏感器的不同点主要集中于结构设计与星图识别算法，而在姿态确定算法方面，二者并无太大区别。

5.3　四元数提取算法

5.3.1　Shepperd 算法

从方程(5.23)中可以得到如下关系式：

$$4q_i^2=1+A_{ii}-A_{jj}-A_{kk}=1-\text{tr}\boldsymbol{A}+2A_{ii} \tag{5.126}$$

$$4q_4^2=1+A_{11}+A_{22}+A_{33}=1-\text{tr}A+2\text{tr}\boldsymbol{A} \tag{5.127}$$

$$4q_iq_j=A_{ij}+A_{ji} \tag{5.128}$$

$$4q_iq_4=A_{jk}-A_{kj} \tag{5.129}$$

这里$\{i,\ j,\ k\}$是$\{1,\ 2,\ 3\}$的轮换顺序，Shepperd 算法首先比较式(5.126)和式(5.127)的右边，判断出 q_i^2，$i=1,\ 2,\ 3,\ 4$ 中哪一个量最大。显然，对于 $q_i^2(i=1,\ 2,\ 3)$而言，可根据 A_{ii} 的大小进行判断，将这个最大的 q_i^2 与 q_4^2 进行比较，即将 A_{ii} 与 $\text{tr}\boldsymbol{A}$ 进行比较，这样就可以判断出 q_i^2 中最大的分量。下面分两种情况进行讨论。

(1) q_4^2 最大。

如果 q_4^2 大于其他的 q_i^2，那么从式(5.127)和式(5.129)中可以得到如下计算公式：

$$q_4=\pm\frac{1}{2}(1+A_{11}+A_{22}+A_{33})^{1/2} \tag{5.130}$$

$$q_i=(A_{jk}-A_{kj})/4q_4,\quad i=1,2,3 \tag{5.131}$$

可以看出，计算得到的四元数具有符号不确定性，这是由于四元数在旋转群中满足2:1的匹配关系，即 $\boldsymbol{q}$ 和 $-\boldsymbol{q}$ 可以描述同一个旋转，但是如果旋转角度小于180°，那么 q_4 一般取正号。

(2) $q_i^2(i=1,2,3)$ 最大。

如果 $q_i^2(i\neq4)$ 最大，那么由式(5.126)和式(5.128)可得到

$$q_i=\pm\frac{1}{2}(1+A_{ii}-A_{jj}-A_{kk})^{1/2} \tag{5.132}$$

$$q_j=(A_{ij}+A_{ji})/4q_i \tag{5.133}$$

$$q_k=(A_{ik}+A_{ki})/4q_i \tag{5.134}$$

$$q_4=(A_{jk}-A_{kj})/4q_i \tag{5.135}$$

5.3.2 改进的 Shepperd 算法

这里考虑四分量矢量

$$\boldsymbol{x}^{(i)}\triangleq4q_i\boldsymbol{q},\quad i=1,2,3,4 \tag{5.136}$$

那么由式(5.126)~式(5.129)可以得到

$$\boldsymbol{x}^{(1)}=\begin{bmatrix}1+A_{11}-A_{22}-A_{33}\\A_{12}+A_{21}\\A_{13}+A_{31}\\A_{23}-A_{32}\end{bmatrix} \tag{5.137}$$

$$\boldsymbol{x}^{(2)}=\begin{bmatrix}A_{21}+A_{12}\\1+A_{22}-A_{33}-A_{11}\\A_{23}+A_{32}\\A_{31}-A_{13}\end{bmatrix} \tag{5.138}$$

$$\boldsymbol{x}^{(3)}=\begin{bmatrix}A_{31}+A_{13}\\A_{32}+A_{23}\\1+A_{33}-A_{11}-A_{22}\\A_{12}-A_{21}\end{bmatrix} \tag{5.139}$$

$$\boldsymbol{x}^{(4)}=\begin{bmatrix}A_{23}-A_{32}\\A_{31}-A_{13}\\A_{12}-A_{21}\\1+A_{33}+A_{11}+A_{22}\end{bmatrix} \tag{5.140}$$

方程(5.136)就是用一个标量乘以四元数，所以可以通过计算和归一化任何一个 $\boldsymbol{x}^{(i)}$ 得到单位四元数：

$$\boldsymbol{q}=\pm\boldsymbol{x}^{(i)}/\|\boldsymbol{x}^{(i)}\| \tag{5.141}$$

同 Shepperd 算法一样，选择最大的 q_i^2 所对应的矢量 $\boldsymbol{x}^{(i)}$ 进行计算，从而最小化数值计算误差。相比 Shepperd 算法，改进的 Shepperd 算法计算量更小，且避免了开方运算，但二者计算精度无显著差别，计算准确的前提条件是姿态阵 $\boldsymbol{A}$ 严格正交。若姿态阵 $\boldsymbol{A}$ 非严格正交，可通过公式 $\boldsymbol{A}_{\text{orth}}=\boldsymbol{A}(\boldsymbol{A}^{\mathrm{T}}\boldsymbol{A})^{-\frac{1}{2}}$ 完成正交化，但额外地增加了计算量。

5.3.3　算法本质

实际上，当姿态阵 $\boldsymbol{A}$ 或因误差干扰非严格正交时，此时首先需要计算出在 Frobenius 范数空间内距离 $\boldsymbol{A}$ 最近的正交化矩阵 $\boldsymbol{A}_{\text{orth}}$，即最小化 $\|\boldsymbol{A}_{\text{orth}}-\boldsymbol{A}\|_F^2$，显然，该问题即正交 Procrustes 问题，则所有求解 Wahba 问题的解法均可用来提取四元数，只不过是把 $\boldsymbol{A}$ 代替 Wahba 问题中的姿态分布矩阵 $\boldsymbol{B}$，显然增加了不少计算量，不过计算精度相比 Shepperd 算法也得到了提高。

5.4　Wahba 问题的延伸

5.4.1　平均姿态阵

目前，卫星上通常装有多个姿态敏感器以提供高精度的姿态信息，假设这些姿态敏感器输出一组最优姿态估计阵 $\boldsymbol{A}_i'$ 和估计方差 $\boldsymbol{P}_i'$，$i=1, 2, \cdots, n$，则可建立姿态矩阵的最大似然估计模型为[10]

$$J'(\boldsymbol{A})=\frac{1}{2}\sum_{i=1}^{n}\mathrm{tr}[(\boldsymbol{A}_i'-\boldsymbol{A})^{\mathrm{T}}\boldsymbol{D}_i'(\boldsymbol{A}_i'-\boldsymbol{A})] \tag{5.142}$$

其中，上标“′”仍表示采样值，$\boldsymbol{D}_i'$ 为姿态联合信息矩阵，具体定义参见式(5.86)，即

$$\boldsymbol{D}_i'=\frac{1}{2}\mathrm{tr}(\boldsymbol{P}_i'^{-1})\boldsymbol{I}_{3\times3}-\boldsymbol{P}_i'^{-1} \tag{5.143}$$

针对每一个损失函数 $J_i'(\boldsymbol{A})$，利用矩阵迹的轮换不变性和姿态矩阵的正交性，可得

$$
\begin{aligned}
J_i'(\boldsymbol{A}) &= \frac{1}{2}\operatorname{tr}[(\boldsymbol{A}_i'-\boldsymbol{A})^{\mathrm{T}}\boldsymbol{D}_i'(\boldsymbol{A}_i'-\boldsymbol{A})] \\
&= \frac{1}{2}\operatorname{tr}[\boldsymbol{D}_i'(\boldsymbol{A}_i'-\boldsymbol{A})(\boldsymbol{A}_i'-\boldsymbol{A})^{\mathrm{T}}] \\
&= \operatorname{tr}\boldsymbol{D}_i' - \frac{1}{2}(\operatorname{tr}[\boldsymbol{D}_i'\boldsymbol{A}_i'\boldsymbol{A}^{\mathrm{T}}] + \operatorname{tr}[\boldsymbol{D}_i'\boldsymbol{A}\boldsymbol{A}_i'^{\mathrm{T}}])
\end{aligned}
\tag{5.144}
$$

又因 $\boldsymbol{D}_i'$ 为对称阵，则利用恒等式 $\boldsymbol{D}_i'=\boldsymbol{D}_i'^{\mathrm{T}}$ 和矩阵迹的轮换不变性可得

$$
\operatorname{tr}[\boldsymbol{D}_i'\boldsymbol{A}\boldsymbol{A}_i'^{\mathrm{T}}] = \operatorname{tr}[\boldsymbol{D}_i'^{\mathrm{T}}\boldsymbol{A}\boldsymbol{A}_i'^{\mathrm{T}}] = \operatorname{tr}[\boldsymbol{A}\boldsymbol{A}_i'^{\mathrm{T}}\boldsymbol{D}_i'^{\mathrm{T}}] = \operatorname{tr}[\boldsymbol{D}_i'\boldsymbol{A}_i'\boldsymbol{A}^{\mathrm{T}}] \tag{5.145}
$$

进一步，式(5. 144)可改写为

$$
J_i'(\boldsymbol{A}) = \operatorname{tr}\boldsymbol{D}_i' - \operatorname{tr}[\boldsymbol{D}_i'\boldsymbol{A}_i'\boldsymbol{A}^{\mathrm{T}}] \tag{5.146}
$$

令 $\boldsymbol{B}_i'=\boldsymbol{D}'_i\boldsymbol{A}'_i$，注意到此时的 $\boldsymbol{B}'_i$ 与式(5. 86)中 $\boldsymbol{B}'$ 不是同一个概念，式(5. 86)中的 $\boldsymbol{B}'$ 是由采样测量值构造的姿态分布矩阵，而此处的 $\boldsymbol{B}_i'$ 是由估计的姿态阵 $\boldsymbol{A}_i'$ 和方差阵 $\boldsymbol{P}_i'$ 构造而成。这里，仅是为了延续姿态分布阵这个概念，认为 $\boldsymbol{B}_i'$ 就是此处的姿态分布阵，实际上可用任何符号代替此处的 $\boldsymbol{B}'_i$。因此，式(5. 146)可变为

$$
J_i'(\boldsymbol{A}) = \operatorname{tr}\boldsymbol{D}_i' - \operatorname{tr}[\boldsymbol{B}_i'\boldsymbol{A}^{\mathrm{T}}] = \operatorname{tr}\boldsymbol{D}_i' - \operatorname{tr}[\boldsymbol{A}\boldsymbol{B}_i'^{\mathrm{T}}] \tag{5.147}
$$

进一步，令 $\boldsymbol{B}'=\sum_{i=1}^{n}\boldsymbol{B}'_i$，可得

$$
\begin{aligned}
J'(\boldsymbol{A}) &= \sum_{i=1}^{n} J_i'(\boldsymbol{A}) = \sum_{i=1}^{n}\operatorname{tr}\boldsymbol{D}_i' - \sum_{i=1}^{n}\operatorname{tr}[\boldsymbol{A}\boldsymbol{B}_i'^{\mathrm{T}}] \\
&= \sum_{i=1}^{n}\operatorname{tr}\boldsymbol{D}_i' - \operatorname{tr}\left[\boldsymbol{A}\left(\sum_{i=1}^{n}\boldsymbol{B}_i'^{\mathrm{T}}\right)\right] \\
&= \sum_{i=1}^{n}\operatorname{tr}\boldsymbol{D}_i' - \operatorname{tr}[\boldsymbol{A}\boldsymbol{B}'^{\mathrm{T}}] \\
&= \frac{1}{2}\sum_{i=1}^{n}\operatorname{tr}(\boldsymbol{P}_i'^{-1}) - \operatorname{tr}[\boldsymbol{A}\boldsymbol{B}'^{\mathrm{T}}]
\end{aligned}
\tag{5.148}
$$

于是，求解式(5. 142)的最大似然估计模型可用 5. 2 节中的方法。

5. 4. 2 平均四元数

实际上，利用四元数表示姿态阵，则式(5. 147)可进一步转换为

$$
\begin{aligned}
J_i'(\boldsymbol{A}) &= \operatorname{tr}\boldsymbol{D}_i' - \operatorname{tr}[\boldsymbol{A}(\boldsymbol{q})\boldsymbol{A}_i'(\boldsymbol{q}_i)^{\mathrm{T}}\boldsymbol{D}_i'^{\mathrm{T}}] \\
&= \operatorname{tr}\boldsymbol{D}_i' - \operatorname{tr}[\boldsymbol{A}_i'(\delta\boldsymbol{q}_i)\boldsymbol{D}_i'^{\mathrm{T}}] \\
&= \operatorname{tr}\boldsymbol{D}_i' - \delta\boldsymbol{q}_i^{\mathrm{T}}\boldsymbol{K}_i\delta\boldsymbol{q}_i
\end{aligned}
\tag{5.149}
$$

式中：$\delta\boldsymbol{q}_i \triangleq \boldsymbol{q}\otimes\boldsymbol{q}_i^{-1} = [\boldsymbol{\Xi}(\boldsymbol{q}_i) \quad \boldsymbol{q}_i]^{\mathrm{T}}\boldsymbol{q}$ 为第 i 个估计四元数与真值之间的误差四

元数。$\boldsymbol{K}_i$ 矩阵具有形式

$$\boldsymbol{K}_i=\begin{bmatrix}\boldsymbol{D}_i'+\boldsymbol{D}_i'^{\mathrm{T}}-\boldsymbol{I}_{3\times3}\mathrm{tr}\boldsymbol{D}_i' & \boldsymbol{0}_{3\times1}\\ \boldsymbol{0}_{1\times3} & \mathrm{tr}\boldsymbol{D}_i'\end{bmatrix} \tag{5.150}$$

将式(5.143)代入式(5.150)可得

$$\boldsymbol{K}_i=\begin{bmatrix}\dfrac{1}{2}\boldsymbol{I}_{3\times3}\mathrm{tr}(\boldsymbol{P}_i'^{-1})-2(\boldsymbol{P}_i'^{-1}) & \boldsymbol{0}_{3\times1}\\ \boldsymbol{0}_{1\times3} & \dfrac{1}{2}\mathrm{tr}(\boldsymbol{P}_i'^{-1})\end{bmatrix} \tag{5.151}$$

联立式(5.149)和式(5.151)可得

$$\begin{aligned}J_i'(\boldsymbol{A})&=\mathrm{tr}\boldsymbol{D}_i'-\boldsymbol{q}^{\mathrm{T}}[\boldsymbol{\Xi}(\boldsymbol{q}_i)\quad \boldsymbol{q}_i]\boldsymbol{K}_i[\boldsymbol{\Xi}(\boldsymbol{q}_i)\quad \boldsymbol{q}_i]^{\mathrm{T}}\boldsymbol{q}\\ &=\mathrm{tr}\boldsymbol{D}_i'-\boldsymbol{q}^{\mathrm{T}}\left\{\boldsymbol{\Xi}(\boldsymbol{q}_i)\left(\frac{1}{2}\boldsymbol{I}_{3\times3}\mathrm{tr}(\boldsymbol{P}_i'^{-1})-2\boldsymbol{P}_i'^{-1}\right)\boldsymbol{\Xi}^{\mathrm{T}}(\boldsymbol{q}_i)+\frac{1}{2}\boldsymbol{q}_i\boldsymbol{q}_i^{\mathrm{T}}\mathrm{tr}(\boldsymbol{P}_i'^{-1})\right\}\boldsymbol{q}\\ &=\mathrm{tr}\boldsymbol{D}_i'-\boldsymbol{q}^{\mathrm{T}}\left\{\frac{1}{2}\mathrm{tr}(\boldsymbol{P}_i'^{-1})\boldsymbol{\Xi}(\boldsymbol{q}_i)\boldsymbol{\Xi}^{\mathrm{T}}(\boldsymbol{q}_i)-2\boldsymbol{\Xi}(\boldsymbol{q}_i)\boldsymbol{P}_i'^{-1}\boldsymbol{\Xi}^{\mathrm{T}}(\boldsymbol{q}_i)+\frac{1}{2}\boldsymbol{q}_i\boldsymbol{q}_i^{\mathrm{T}}\mathrm{tr}(\boldsymbol{P}_i'^{-1})\right\}\boldsymbol{q}\end{aligned} \tag{5.152}$$

将恒等式 $\boldsymbol{\Xi}(\boldsymbol{q}_i)\boldsymbol{\Xi}^{\mathrm{T}}(\boldsymbol{q}_i)=\boldsymbol{I}_{4\times4}-\boldsymbol{q}_i\boldsymbol{q}_i^{\mathrm{T}}$ 代入式(5.152)可得

$$\begin{aligned}J_i'(\boldsymbol{A})&=\mathrm{tr}\boldsymbol{D}_i'-\boldsymbol{q}^{\mathrm{T}}\left\{\frac{1}{2}\mathrm{tr}(\boldsymbol{P}_i'^{-1})\boldsymbol{I}_{4\times4}-2\boldsymbol{\Xi}(\boldsymbol{q}_i)\boldsymbol{P}_i'^{-1}\boldsymbol{\Xi}^{\mathrm{T}}(\boldsymbol{q}_i)\right\}\boldsymbol{q}\\ &=\mathrm{tr}\boldsymbol{D}_i'-\frac{1}{2}\mathrm{tr}(\boldsymbol{P}_i'^{-1})+2\boldsymbol{q}^{\mathrm{T}}\boldsymbol{\Xi}(\boldsymbol{q}_i)\boldsymbol{P}_i'^{-1}\boldsymbol{\Xi}^{\mathrm{T}}(\boldsymbol{q}_i)\boldsymbol{q}\\ &=2\boldsymbol{q}^{\mathrm{T}}\boldsymbol{\Xi}(\boldsymbol{q}_i)\boldsymbol{P}_i'^{-1}\boldsymbol{\Xi}^{\mathrm{T}}(\boldsymbol{q}_i)\boldsymbol{q}\end{aligned} \tag{5.153}$$

令 $\mathcal{M}=-\sum_{i=1}^{n}\boldsymbol{\Xi}(\boldsymbol{q}_i)\boldsymbol{P}_i'^{-1}\boldsymbol{\Xi}^{\mathrm{T}}(\boldsymbol{q}_i)$，于是该问题就转换为

$$\boldsymbol{q}\triangleq\arg\max\boldsymbol{q}^{\mathrm{T}}\mathcal{M}\boldsymbol{q} \tag{5.154}$$

于是，当给出一组四元数估计值 $\boldsymbol{q}_i$ 和方差估计值 $\boldsymbol{P}_i'$时，该最优姿态估计问题即转换为求解方程(5.154)。分析可知，通过方程(5.154)求解加权平均四元数具有两个优点：① 改变任一 $\boldsymbol{q}_i$ 的符号不改变平均值；② 解出的平均四元数满足正交性约束条件[11]。

实际上，将 $\delta\boldsymbol{\varrho}_i=\boldsymbol{\Xi}^{\mathrm{T}}(\boldsymbol{q}_i)\boldsymbol{q}$ 代入式(5.154)进一步可得

$$\boldsymbol{q}\triangleq\arg\min\sum_{i=1}^{n}\delta\boldsymbol{\varrho}_i^{\mathrm{T}}\boldsymbol{P}_i'^{-1}\delta\boldsymbol{\varrho}_i \tag{5.155}$$

可以看出，平均四元数的求解问题实质上是使误差四元数的矢量部分的加权平方和达到最小值，或者说是使半误差角余弦的加权平方和取最小值。从方差阵 $\boldsymbol{P}_i'$的意义来看，式(5.155)的模型是合理且有效的。

参考文献

[1] SHUSTER M D. A survey of attitude representations[J]. Journal of the Astronautical Sciences, 1993, 41(4): 439-517.

[2] WERTZ J R. Spacecraft attitude determination and control[M]. The Netherlands: Kluwer Academic Publishers, 1978.

[3] MARKLEY F L, CRASSIDIS J L, CHENG Y, et al. Nonlinear attitude filtering methods[C]// AIAA Guidance, Navigation, and Control Conference. USA: AIAA Inc, 2005, 753-784.

[4] WAHBA G. A least squares estimate of spacecraft attitude[J]. SIAM Review, 1965, 7(3): 409-411.

[5] BAR-ITZHACK I Y. REQUEST: a recursive quest algorithm for sequential attitude determination[J]. Journal of Guidance, Control, and Dynamics, 1996, 19(5): 1034-1038.

[6] SHUSTER M D, OH S D. Three-axis attitude determination from vector observations[J]. Journal of Guidance, Control, and Dynamics, 1981, 4(1): 70-77.

[7] MORTARI D. ESOQ: a closed-form solution to the Wahba problem[J]. Journal of the Astronautical Sciences, 1997, 45(2): 195-204.

[8] MORTARI D. ESOQ2: single-point algorithm for fast optimal spacecraft attitude determination [J]. Advances in the Astronautical Sciences, 1997, 95: 817-826.

[9] CHENG Y, CRASSIDIS J L, MARKLEY F L, et al. Attitude estimation for large field-of-view sensors[J]. Journal of the Astronautical Sciences, 2006, 54(3): 433-448.

[10] SHUSTER M D. Maximum likelihood estimation of spacecraft attitude[J]. Journal of the Astronautical Sciences, 1989, 37(1): 79-88.

[11] MARKLEY F L, CHENG Y, CRASSIDIS J L, et al. Averaging quaternions[J]. Journal of Guidance, Control and Dynamics, 2007, 30(4): 1193-1197.

第6章 基于状态估计的航天器姿态确定

乘性扩展卡尔曼滤波(MEKF)方法被广泛应用于各种航天器姿态确定任务，其基本思想是估计无约束的三分量姿态误差参数并利用四元数乘法为航天器提供全局非奇异姿态描述。目前，针对不同的任务背景和姿态敏感器配置方案，国内外学者推导了大量基于 MEKF 的姿态确定算法，但其形式并不具有一般性，往往需要随研究背景的改变而对系统进行重复建模。针对上述问题，本章首先推导了航天器相对于任意参考坐标系的四元数姿态运动学方程和姿态误差矢量的动力学模型，并系统研究了有陀螺和无陀螺两种姿态确定方案以及姿态敏感器常用的矢量观测模型，四元数观测模型以及欧拉角观测模型，设计了更具有一般性的 MEKF 滤波器，为航天任务中快速应用 MEKF 姿态确定算法提供理论参考和技术支撑。

其次，系统地介绍了 AEKF、USQUE 以及带四元数范数约束的姿态滤波器；最后，运用矩阵论中的二次型原理，提出了一种应用于卡尔曼滤波过程中的离散化算法，该算法有利于针对时间连续系统的卡尔曼滤波过程在计算机上的一体化实现。

6.1 常见的姿态运动学方程

1. 旋转矩阵运动学方程

姿态旋转矩阵的运动学方程为

$$\frac{\mathrm{d}}{\mathrm{d}t}\boldsymbol{A}(t) = -[\boldsymbol{\omega}(t)\times]\boldsymbol{A}(t) \tag{6.1}$$

其中，$\boldsymbol{\omega}(t)$为体系中定义的角速度，或简称为角速度，定义为

$$\boldsymbol{\omega}(t) \equiv \lim_{\Delta t\to 0}\frac{\Delta\boldsymbol{\phi}(t)}{\Delta t} \tag{6.2}$$

实际上，将式(6.2)代入式(6.1)即可得到式(5.9)。

2. 旋转矢量运动学方程

根据 Bortz 方程可得旋转矢量的运动学方程为[1]

$$\frac{\mathrm{d}}{\mathrm{d}t}\boldsymbol{\phi}=\boldsymbol{\omega}+\frac{1}{2}\boldsymbol{\phi}\times\boldsymbol{\omega}+\frac{1}{\phi^2}\left[1-\frac{\phi\sin\phi}{2(1-\cos\phi)}\right]\boldsymbol{\phi}\times(\boldsymbol{\phi}\times\boldsymbol{\omega}) \tag{6.3}$$

显然，Bortz 方程存在奇异点 $\phi=2n\pi$，$n=\pm1$，±2，…，这个结果并不令人惊讶，因为 Stuelpnagel 证明了三维参数用来表示姿态不可能是全局且非奇异的[2]。当旋转矢量较小时，进一步展开 Bortz 方程可得

$$\dot{\boldsymbol{\phi}}=\boldsymbol{\omega}+\frac{1}{2}\boldsymbol{\phi}\times\boldsymbol{\omega}+\frac{1}{12}\boldsymbol{\phi}\times(\boldsymbol{\phi}\times\boldsymbol{\omega})+\frac{\phi^2}{720}\boldsymbol{\phi}\times(\boldsymbol{\phi}\times\boldsymbol{\omega})+\cdots \tag{6.4}$$

其中，$\boldsymbol{\phi}\times\omega$ 称为圆锥修正项，正比于 $\boldsymbol{\phi}\times(\boldsymbol{\phi}\times\omega)$ 的项称为划船修正项，当 $|\boldsymbol{\phi}|$ 很小时，可以忽略高于 $\boldsymbol{\phi}$ 的一阶项。

3. 欧拉角运动学方程

欧拉角运动学方程可以用欧拉角速率和相应旋转轴表示，即

$$\boldsymbol{\omega}=\dot{\varphi}(\hat{\boldsymbol{n}}_1)_{E'''}+\dot{\vartheta}(\hat{\boldsymbol{n}}_2')_{E'''}+\dot{\psi}(\hat{\boldsymbol{n}}_3'')_{E'''} \tag{6.5}$$

因为角速度 $\boldsymbol{\omega}$ 是相对于 $\boldsymbol{E}'''$ 系定义的，所以需要将三个欧拉轴转换到 $\boldsymbol{E}'''$ 系中，结合方程(5.15)可得

$$\boldsymbol{\omega}=\dot{\psi}\hat{\boldsymbol{n}}_3''+\boldsymbol{A}(\hat{\boldsymbol{n}}_3'',\ \psi)\dot{\vartheta}\hat{\boldsymbol{n}}_2'+\boldsymbol{A}(\hat{\boldsymbol{n}}_3'',\ \psi)\boldsymbol{A}(\hat{\boldsymbol{n}}_2',\ \vartheta)\dot{\varphi}\hat{\boldsymbol{n}}_1 \tag{6.6}$$

进一步整理方程(6.6)可得

$$\boldsymbol{\omega}=\boldsymbol{A}(\hat{\boldsymbol{n}}_3'',\ \psi)\boldsymbol{S}(\hat{\boldsymbol{n}}_1,\ \hat{\boldsymbol{n}}_2',\ \hat{\boldsymbol{n}}_3'';\ \vartheta)\begin{bmatrix}\dot{\varphi}\\ \dot{\vartheta}\\ \dot{\psi}\end{bmatrix}\equiv\boldsymbol{M}(\varphi,\ \vartheta,\ \psi)\begin{bmatrix}\dot{\varphi}\\ \dot{\vartheta}\\ \dot{\psi}\end{bmatrix} \tag{6.7}$$

其中，

$$\boldsymbol{S}(\hat{\boldsymbol{n}}_1,\ \hat{\boldsymbol{n}}_2',\ \hat{\boldsymbol{n}}_3'';\ \vartheta)=[\boldsymbol{A}(\hat{\boldsymbol{n}}_2',\ \vartheta)\hat{\boldsymbol{n}}_1\ |\ \hat{\boldsymbol{n}}_2'\ |\ \hat{\boldsymbol{n}}_3''] \tag{6.8}$$

对方程(6.7)求逆可得到欧拉角速率

$$\begin{bmatrix}\dot{\varphi}\\ \dot{\vartheta}\\ \dot{\psi}\end{bmatrix}=\boldsymbol{M}^{-1}(\varphi,\ \vartheta,\ \psi)\boldsymbol{\omega} \tag{6.9}$$

其中，

$$\boldsymbol{M}^{-1}(\varphi,\ \vartheta,\ \psi)=\boldsymbol{S}^{-1}(\hat{\boldsymbol{n}}_1,\ \hat{\boldsymbol{n}}_2',\ \hat{\boldsymbol{n}}_3'';\ \vartheta)\boldsymbol{A}^{\mathrm{T}}(\hat{\boldsymbol{n}}_3'',\ \psi) \tag{6.10}$$

对于对称转序，有

$$S^{-1}(\hat{\boldsymbol{n}}_1,\ \hat{\boldsymbol{n}}_2',\ \hat{\boldsymbol{n}}_3'';\ \vartheta)=\frac{1}{\sin\vartheta}\begin{bmatrix}(\hat{\boldsymbol{n}}_1\times\hat{\boldsymbol{n}}_2')^{\mathrm{T}}\\ \sin\vartheta\hat{\boldsymbol{n}}_2'^{\mathrm{T}}\\ \sin\vartheta\hat{\boldsymbol{n}}_1^{\mathrm{T}}-\cos\vartheta(\hat{\boldsymbol{n}}_1\times\hat{\boldsymbol{n}}_2')^{\mathrm{T}}\end{bmatrix}\tag{6.11}$$

对于非对称转序，有

$$S^{-1}(\hat{\boldsymbol{n}}_1,\ \hat{\boldsymbol{n}}_2',\ \hat{\boldsymbol{n}}_3'';\ \vartheta)=\frac{1}{\cos\vartheta}\begin{bmatrix}\hat{\boldsymbol{n}}_1^{\mathrm{T}}\\ \cos\vartheta\hat{\boldsymbol{n}}_2'^{\mathrm{T}}\\ \cos\vartheta\hat{\boldsymbol{n}}_3''^{\mathrm{T}}-\sin\vartheta(\hat{\boldsymbol{n}}_2'\times\hat{\boldsymbol{n}}_3'')^{\mathrm{T}}\end{bmatrix}\tag{6.12}$$

从式(6.6)中可以看出，描述姿态角速度不需要用到第一个欧拉旋转角 φ，从理论上分析，由式(5.12)可推导得到 $\boldsymbol{A}(\hat{\boldsymbol{n}}_1,\ \varphi)\dot{\varphi}=\dot{\varphi}$，从而在式(6.6)右边第三项中可不引入欧拉角 φ；从物理意义上来讲，这是因为旋转轴 $\hat{\boldsymbol{n}}_1$ 相对于 $\boldsymbol{E}$ 系和 $\boldsymbol{E}'$ 系是一致的。由此可知，函数矩阵 $\boldsymbol{M}(\varphi,\ \vartheta,\ \psi)$ 仅是关于 ϑ 和 ψ 的函数，但为了统一描述欧拉角形式，故仍记为 $\boldsymbol{M}(\varphi,\ \vartheta,\ \psi)$，该结果也是实现双欧拉角法的理论基础，更为详细的欧拉运动学方程形式见附录 B。

4. 四元数运动学方程

四元数运动学方程为[3]

$$\dot{\boldsymbol{q}}=\frac{1}{2}\begin{bmatrix}\boldsymbol{\omega}\\0\end{bmatrix}\otimes\boldsymbol{q}=\frac{1}{2}\boldsymbol{\Xi}(\boldsymbol{q})\boldsymbol{\omega}=\frac{1}{2}\boldsymbol{\Omega}(\boldsymbol{\omega})\boldsymbol{q}\tag{6.13}$$

其中，$\boldsymbol{\omega}$ 是三分量的角速度矢量，且有

$$\boldsymbol{\Omega}(\boldsymbol{\omega})\equiv\begin{bmatrix}-[\boldsymbol{\omega}\times] & \boldsymbol{\omega}\\ -\boldsymbol{\omega}^{\mathrm{T}} & 0\end{bmatrix}\tag{6.14}$$

5. 修正罗德里格参数运动学方程

由修正罗德里格参数表示的姿态运动学方程为[1]

$$\dot{\boldsymbol{p}}=\boldsymbol{G}(\boldsymbol{p})\boldsymbol{\omega}\tag{6.15}$$

其中，$\boldsymbol{\omega}$ 是三分量的角速度矢量，且有

$$\boldsymbol{G}(\boldsymbol{p})\equiv\frac{1}{4}\{(1-\boldsymbol{p}^{\mathrm{T}}\boldsymbol{p})\boldsymbol{I}_{3\times3}+2[\boldsymbol{p}\times]+2\boldsymbol{p}\boldsymbol{p}^{\mathrm{T}}\}\tag{6.16}$$

6.2　通用 MEKF 滤波器

6.2.1　扩展卡尔曼滤波

在实际工程应用中，扩展卡尔曼滤波(EKF)[4]常被用于处理非线性估计问题。考虑如下连续时间非线性系统：

$$\dot{\boldsymbol{x}}(t)=\boldsymbol{f}(\boldsymbol{x}(t),\ \boldsymbol{u}(t),\ t)+\boldsymbol{G}(t)\boldsymbol{w}(t) \tag{6.17}$$

$$\tilde{z}(t)=\boldsymbol{h}(\boldsymbol{x}(t),\ t)+v(t) \tag{6.18}$$

式中：$\boldsymbol{x}(t)\in\mathbb{R}^n$，$\boldsymbol{u}(t)\in\mathbb{R}^s$ 和 $\tilde{z}(t)\in\mathbb{R}^m$ 分别为 t 时刻状态矢量、输入矢量和观测矢量；$\boldsymbol{f}(\cdot)$ 和 $\boldsymbol{h}(\cdot)$ 为连续可微的非线性函数；$\boldsymbol{G}(t)\in\mathbb{R}^{n\times t}$ 为过程噪声分布矩阵；$\boldsymbol{w}(t)\in\mathbb{R}^t$ 和 $\boldsymbol{v}(t)\in\mathbb{R}^m$ 分别为零均值高斯分布的过程噪声和观测噪声矢量，满足

$$\begin{cases}\mathrm{E}\{\boldsymbol{w}(t)\boldsymbol{w}^{\mathrm{T}}(\tau)\}=\boldsymbol{Q}(t)\delta(t-\tau)\\ \mathrm{E}\{\boldsymbol{v}(t)\boldsymbol{v}^{\mathrm{T}}(\tau)\}=\boldsymbol{R}(t)\delta(t-\tau)\\ \mathrm{E}\{\boldsymbol{v}(t)\boldsymbol{w}^{\mathrm{T}}(\tau)\}=\boldsymbol{0}\end{cases} \tag{6.19}$$

将上述状态方程和观测方程在标称状态 $\bar{\boldsymbol{x}}(t)$ 近傍泰勒展开，且取一阶项可得

$$\boldsymbol{f}(\boldsymbol{x}(t),\ \boldsymbol{u}(t),\ t)\cong\boldsymbol{f}(\bar{\boldsymbol{x}}(t),\ \boldsymbol{u}(t),\ t)+\left.\frac{\partial\boldsymbol{f}}{\partial\boldsymbol{x}}\right|_{\bar{\boldsymbol{x}}(t)}[\boldsymbol{x}(t)-\bar{\boldsymbol{x}}(t)] \tag{6.20}$$

$$\boldsymbol{h}(\boldsymbol{x}(t),\ t)\cong\boldsymbol{h}(\bar{\boldsymbol{x}}(t),\ t)+\left.\frac{\partial\boldsymbol{h}}{\partial\boldsymbol{x}}\right|_{\bar{\boldsymbol{x}}(t)}[\boldsymbol{x}(t)-\bar{\boldsymbol{x}}(t)] \tag{6.21}$$

在 EKF 中，当前状态估计值被用来当作标称状态，即 $\bar{\boldsymbol{x}}(t)=\hat{\boldsymbol{x}}(t)$。此时，对式(6.20)和式(6.21)两边同时取期望，可得

$$\mathrm{E}\{\boldsymbol{f}(\boldsymbol{x}(t),\ \boldsymbol{u}(t),\ t)\}=\boldsymbol{f}(\hat{\boldsymbol{x}}(t),\ \boldsymbol{u}(t),\ t) \tag{6.22}$$

$$\mathrm{E}\{\boldsymbol{h}(\boldsymbol{x}(t),\ t)\}=\boldsymbol{h}(\hat{\boldsymbol{x}}(t),\ t) \tag{6.23}$$

因此，可得 EKF 状态估计结构为

$$\dot{\hat{\boldsymbol{x}}}(t)=\boldsymbol{f}(\hat{\boldsymbol{x}}(t),\ \boldsymbol{u}(t),\ t)+\boldsymbol{K}(t)[\tilde{z}(t)-\boldsymbol{h}(\hat{\boldsymbol{x}}(t),\ t)] \tag{6.24}$$

定义状态估计误差为

$$\Delta\boldsymbol{x}\equiv\boldsymbol{x}-\hat{\boldsymbol{x}} \tag{6.25}$$

对式(6.25)求导，并代入式(6.17)和式(6.24)，整理可得误差状态微分方程：

$$\Delta\dot{\boldsymbol{x}}(t)=[\boldsymbol{F}(\hat{\boldsymbol{x}}(t),\ t)-\boldsymbol{K}(t)\boldsymbol{H}(\hat{\boldsymbol{x}}(t),\ t)]\Delta\boldsymbol{x}(t)+\boldsymbol{G}(t)\boldsymbol{w}(t)-\boldsymbol{K}(t)\boldsymbol{v}(t) \tag{6.26}$$

其中，

$$\left.\frac{\partial\boldsymbol{f}}{\partial\boldsymbol{x}}\right|_{\hat{\boldsymbol{x}}(t)}=\boldsymbol{F}(\hat{\boldsymbol{x}}(t),\ t),\qquad \left.\frac{\partial\boldsymbol{h}}{\partial\boldsymbol{x}}\right|_{\hat{\boldsymbol{x}}(t)}=\boldsymbol{H}(\hat{\boldsymbol{x}}(t),\ t) \tag{6.27}$$

由式(6.24)可以看出，增益 $\boldsymbol{K}(t)$ 越大，则估计值越依赖观测量；而增益 $\boldsymbol{K}(t)$ 越小，则估计值越依赖模型。从控制观点出发，滤波本质上是一种考虑观测量后的反馈结构，通过选择合适的增益矩阵 $\boldsymbol{K}(t)$，使得 $\boldsymbol{E}(t)=\boldsymbol{F}(\hat{\boldsymbol{x}}(t),\ t)-\boldsymbol{K}(t)\boldsymbol{H}(\hat{\boldsymbol{x}}(t),\ t)$ 稳定。在频率域中，滤波器的角频率(或带宽)是由 $|\boldsymbol{E}(t)|$ 决

定的。随着增益 $\boldsymbol{K}(t)$ 增大，滤波器的角频率增大，估计值中会引入更多的高频噪声；相反，随着增益 $\boldsymbol{K}(t)$ 减小，带宽减小，则进入滤波系统的噪声就减少，但如果 $\boldsymbol{K}(t)$ 过小，那么估计误差收敛到零则非常慢。因此，需要合理选择增益 $\boldsymbol{K}(t)$。对于时不变系统，误差方差阵 $\boldsymbol{P}$ 很快收敛到一个稳定值，因此可以利用稳定状态方差预先计算常值增益 $\boldsymbol{K}$，可以大大减少计算量，尽管从严格意义上来讲，这是一个次优方法。实际上，基于动力学模型和观测模型的随机过程，卡尔曼滤波器提供了一个科学严谨的配置估计器极点的理论方法。

工程实际问题中，经常会遇到状态方程是时间连续的，但观测方程是离散的情况，该滤波问题称为连续-离散滤波。表 6.1 给出了连续-离散扩展卡尔曼滤波方程。

表 6.1　连续-离散扩展卡尔曼滤波方程

模型	$\dot{\boldsymbol{x}}(t)=\boldsymbol{f}(\boldsymbol{x}(t),\ \boldsymbol{u}(t),\ t)+\boldsymbol{G}(t)\boldsymbol{w}(t),\ \boldsymbol{w}(t)\sim N(\boldsymbol{0},\ \boldsymbol{Q}(t))$ $\tilde{\boldsymbol{z}}_k=\boldsymbol{h}(\boldsymbol{x}_k)+\boldsymbol{v}_k,\ \boldsymbol{v}_k\sim N(\boldsymbol{0},\ \boldsymbol{R}_k)$
初始化	$\hat{\boldsymbol{x}}(t_0)=\hat{\boldsymbol{x}}_0\quad \boldsymbol{P}(t_0)=\mathrm{E}\{\Delta\boldsymbol{x}(t_0)\Delta\boldsymbol{x}^{\mathrm{T}}(t_0)\}$
增益及 测量灵敏度矩阵	$\boldsymbol{K}_k=\boldsymbol{P}_k^-\boldsymbol{H}_k^{\mathrm{T}}(\hat{\boldsymbol{x}}_k^-)[\boldsymbol{H}_k(\hat{\boldsymbol{x}}_k^-)\boldsymbol{P}_k^-\boldsymbol{H}_k^{\mathrm{T}}(\hat{\boldsymbol{x}}_k^-)+\boldsymbol{R}_k]^{-1}$ $\boldsymbol{H}_k(\hat{\boldsymbol{x}}_k^-)\equiv\left.\dfrac{\partial\boldsymbol{h}}{\partial\boldsymbol{x}}\right\vert_{\hat{\boldsymbol{x}}_k^-}$
更新	$\hat{\boldsymbol{x}}_k^+=\hat{\boldsymbol{x}}_k^-+\boldsymbol{K}_k[\tilde{\boldsymbol{z}}_k-\boldsymbol{h}(\hat{\boldsymbol{x}}_k^-)]$ $\boldsymbol{P}_k^+=[\boldsymbol{I}-\boldsymbol{K}_k\boldsymbol{H}_k(\hat{\boldsymbol{x}}_k^-)]\boldsymbol{P}_k^-$
传播	$\dot{\hat{\boldsymbol{x}}}(t)=f(\hat{\boldsymbol{x}}(t),\ \boldsymbol{u}(t),\ t)$ $\dot{\boldsymbol{P}}(t)=\boldsymbol{F}(\hat{\boldsymbol{x}}(t),\ t)\boldsymbol{P}(t)+\boldsymbol{P}(t)\boldsymbol{F}^{\mathrm{T}}(\hat{\boldsymbol{x}}(t),\ t)+\boldsymbol{G}(t)\boldsymbol{Q}(t)\boldsymbol{G}^{\mathrm{T}}(t)$ $\boldsymbol{F}(\hat{\boldsymbol{x}}(t),\ t)\equiv\left.\dfrac{\partial\boldsymbol{h}}{\partial\boldsymbol{x}}\right\vert_{\hat{\boldsymbol{x}}(t)}$

当滤波器采用误差状态量作为滤波变量时，滤波更新方程则为

$$\Delta\hat{\boldsymbol{x}}_k^+=\boldsymbol{K}_k[\tilde{\boldsymbol{z}}_k-\boldsymbol{h}(\hat{\boldsymbol{x}}_k^-)] \tag{6.28}$$

每次滤波更新后，滤波器都必须重置，即令 $\Delta\hat{\boldsymbol{x}}_k^+=\boldsymbol{0}$。

当遇到大维数观测量时，传统的卡尔曼滤波形式需要计算与 $\boldsymbol{R}_k$ 同阶数的逆矩阵，给数值计算带来一定困难。目前有两种处理方法：① 采用信息滤波技术，其在计算增益 $\boldsymbol{K}_k$ 求逆时，始终只用执行与状态维数大小一致的逆操作；② 采用观测量连续处理方法，将同一时刻观测量逐个处理。

6.2.2 通用姿态运动学方程

为了设计出通用的 MEKF 滤波器，不失一般性，本节选取的参考坐标系相对于地心惯性系的旋转角速度为 $\boldsymbol{\omega}_r$，该坐标系既可以是地心惯性系也可以是轨道坐标系，则对应的航天器姿态分别为惯性姿态和对地姿态。定义从参考坐标系到体系的四元数为 $\boldsymbol{q}_{r\to b}$，则四元数运动学方程为

$$\dot{\boldsymbol{q}}_{r\to b}=\frac{1}{2}\boldsymbol{\Xi}(\boldsymbol{q}_{r\to b})\boldsymbol{\omega}_{b/r}=\frac{1}{2}\boldsymbol{\Omega}(\boldsymbol{\omega}_{b/r})\boldsymbol{q}_{r\to b} \tag{6.29}$$

其中，$\boldsymbol{\omega}_{b/r}$ 为航天器体系相对于参考坐标系的角速度在航天器体系中的分量，若无特别说明，本章涉及的航天器的角速度均是在体系中定义的。因此，$\boldsymbol{\omega}_{b/r}$ 可进一步表示成

$$\boldsymbol{\omega}_{b/r}=\boldsymbol{\omega}_b-\boldsymbol{A}(\boldsymbol{q}_{r\to b})\boldsymbol{\omega}_r \tag{6.30}$$

式中：$\boldsymbol{\omega}_b$ 为航天器的惯性姿态角速度，可由陀螺测量或姿态动力学方程传播得到。将式(5.22)和式(6.30)代入式(6.29)，可得

$$\begin{aligned}\dot{\boldsymbol{q}}_{r\to b}&=\frac{1}{2}\boldsymbol{\Xi}(q_{r\to b})\boldsymbol{\omega}_b-\frac{1}{2}\boldsymbol{\Xi}(\boldsymbol{q}_{r\to b})\boldsymbol{\Xi}^{\mathrm{T}}(\boldsymbol{q}_{r\to b})\boldsymbol{\Psi}(\boldsymbol{q}_{r\to b})\boldsymbol{\omega}_r\\&=\frac{1}{2}\boldsymbol{\Omega}(\boldsymbol{\omega}_b)\boldsymbol{q}_{r\to b}-\frac{1}{2}(\boldsymbol{I}_{4\times4}-\boldsymbol{q}_{r\to b}\boldsymbol{q}_{r\to b}^{\mathrm{T}})\boldsymbol{\Psi}(\boldsymbol{q}_{r\to b})\boldsymbol{\omega}_r\\&=\frac{1}{2}\boldsymbol{\Omega}(\boldsymbol{\omega}_b)\boldsymbol{q}_{r\to b}-\frac{1}{2}\boldsymbol{\Psi}(\boldsymbol{q}_{r\to b})\boldsymbol{\omega}_r\\&=\frac{1}{2}(\boldsymbol{\Omega}(\boldsymbol{\omega}_b)-\boldsymbol{\Gamma}(\boldsymbol{\omega}_r))\boldsymbol{q}_{r\to b}\end{aligned} \tag{6.31}$$

其中，$\boldsymbol{\Xi}(\cdot)$，$\boldsymbol{\Psi}(\cdot)$ 详见 5.1.1.4 节，对于三分量的角速度矢量 ω，有

$$\boldsymbol{\Omega}(\boldsymbol{\omega})\equiv\begin{bmatrix}-[\boldsymbol{\omega}\times] & \boldsymbol{\omega}\\ -\boldsymbol{\omega}^{\mathrm{T}} & 0\end{bmatrix}\quad \boldsymbol{\Gamma}(\boldsymbol{\omega})\equiv\begin{bmatrix}[\boldsymbol{\omega}\times] & \boldsymbol{\omega}\\ -\boldsymbol{\omega}^{\mathrm{T}} & 0\end{bmatrix} \tag{6.32}$$

可以看出，由四元数构成的姿态运动学方程为线性方程，且方程(6.31)适用于航天器相对于任意参考坐标系的姿态传播。对于特殊情况，当地心惯性系选为参考坐标系时，此时有 $\boldsymbol{\omega}_r=\boldsymbol{0}_{3\times1}$。

6.2.3 MEKF 滤波器设计

6.2.3.1 姿态误差矢量的动力学模型

MEKF 通常以四元数乘积形式对真实姿态进行描述[5]，即

$$\boldsymbol{q}=\delta\boldsymbol{q}(\Delta\boldsymbol{\phi})\otimes\hat{\boldsymbol{q}} \tag{6.33}$$

式中：$\hat{\boldsymbol{q}}$ 为估计四元数；$\delta\boldsymbol{q}(\Delta\boldsymbol{\phi})$ 为真实四元数 $\boldsymbol{q}$ 与估计四元数 $\hat{\boldsymbol{q}}$ 之间的误差四元数，可用三分量矢量 $\Delta\boldsymbol{\phi}$ 描述。事实上，$\Delta\boldsymbol{\phi}$ 为航天器体坐标系下定义的姿态误差矢量，它可用多种参数进行描述，如无穷小旋转矢量、两倍的四元数矢部、两倍的罗德里格参数或吉布斯(Gibbs)矢量、四倍的修正罗德里格参数等。根据小角近似条件可以得到

$$\delta\boldsymbol{q}(\Delta\boldsymbol{\phi}) \approx \begin{bmatrix} \Delta\boldsymbol{\phi}/2 \\ 1-\Delta\phi^2/8 \end{bmatrix} \tag{6.34}$$

以及姿态误差矩阵

$$\boldsymbol{A}(\delta\boldsymbol{q}) \approx \boldsymbol{I}_{3\times3}-[\Delta\boldsymbol{\phi}\times] \tag{6.35}$$

线性化 Bortz 方程可得到姿态误差矢量的动力学模型[6]

$$\Delta\dot{\boldsymbol{\phi}}=(\boldsymbol{\omega}_{b/r}-\hat{\boldsymbol{\omega}}_{b/r})-\hat{\boldsymbol{\omega}}_{b/r}\times\Delta\boldsymbol{\phi} \tag{6.36}$$

将式(6.30)代入式(6.36)可得

$$\Delta\dot{\boldsymbol{\phi}}=(\boldsymbol{\omega}_b-\hat{\boldsymbol{\omega}}_b)-(\boldsymbol{A}(\delta\boldsymbol{q})\boldsymbol{A}(\hat{\boldsymbol{q}}_{r\to b})\boldsymbol{\omega}_r-\boldsymbol{A}(\hat{\boldsymbol{q}}_{r\to b})\hat{\boldsymbol{\omega}}_r)-[(\hat{\boldsymbol{\omega}}_b-\boldsymbol{A}(\hat{\boldsymbol{q}}_{r\to b})\hat{\boldsymbol{\omega}}_r)\times]\Delta\boldsymbol{\phi} \tag{6.37}$$

令 $\Delta\boldsymbol{\omega}_b\equiv\boldsymbol{\omega}_b-\hat{\boldsymbol{\omega}}_b$，$\Delta\boldsymbol{\omega}_r\equiv\boldsymbol{\omega}_r-\hat{\boldsymbol{\omega}}_r$，将式(6.35)代入式(6.37)，并利用反对称阵的线性齐次性，整理可得

$$\Delta\dot{\boldsymbol{\phi}}=-[\hat{\boldsymbol{\omega}}_b\times]\Delta\boldsymbol{\phi}+\Delta\boldsymbol{\omega}_b-\boldsymbol{A}(\hat{\boldsymbol{q}})\Delta\boldsymbol{\omega}_r \tag{6.38}$$

这里，假设参考坐标系的角速度已知，则有 $\Delta\boldsymbol{\omega}_r=\boldsymbol{0}_{3\times1}$，可得到姿态误差矢量的线性化动力学模型为

$$\Delta\dot{\boldsymbol{\phi}}=-[\hat{\boldsymbol{\omega}}_b\times]\Delta\boldsymbol{\phi}+\Delta\boldsymbol{\omega}_b \tag{6.39}$$

仔细观察方程(6.39)可以发现，虽然这里 $\Delta\boldsymbol{\phi}$ 定义的是相对于$\hat{\boldsymbol{q}}_{r\to b}$ 的姿态误差矢量，但由方程

$$\boldsymbol{q}_{I\to b}=\boldsymbol{q}_{r\to b}\otimes\boldsymbol{q}_{I\to r}=\delta\boldsymbol{q}(\Delta\boldsymbol{\phi})\otimes\hat{\boldsymbol{q}}_{r\to b}\otimes\boldsymbol{q}_{I\to r}=\delta\boldsymbol{q}(\Delta\boldsymbol{\phi})\otimes\hat{\boldsymbol{q}}_{I\to b} \tag{6.40}$$

从式(6.40)可以看出，$\Delta\boldsymbol{\phi}$ 可看成相对于$\hat{\boldsymbol{q}}_{I\to b}$ 而定义的姿态误差矢量，这主要是因为假设了已知准确的 $\boldsymbol{\omega}_r$，从而可以根据姿态传播得到准确的四元数 $\boldsymbol{q}_{I\to r}$，其中，$\boldsymbol{q}_{I\to b}$ 为从惯性系到体系的四元数，$\boldsymbol{q}_{I\to r}$ 为惯性系到参考坐标系的四元数。这也就解释了为什么方程(6.39)的形式与在惯性系下解算姿态的姿态误差矢量的动力学模型一致。

6.2.3.2　系统状态方程及其线性化

航天器的姿态角速度可以通过速率积分陀螺测量得到，也可以利用姿态动力学传播得到。因此，下面就这两种情况分别建立系统状态方程，对应为有陀螺姿态确定系统和无陀螺姿态确定系统。

1. 有陀螺姿态确定系统

一般来说，陀螺测量的是航天器的惯性姿态角速度在体系中的分量，通常采用如下模型：

$$\begin{aligned}\tilde{\boldsymbol{\omega}}_b &= \boldsymbol{\omega}_b + \boldsymbol{\beta} + \boldsymbol{\eta}_v \\ \dot{\boldsymbol{\beta}} &= \boldsymbol{\eta}_u\end{aligned} \tag{6.41}$$

式中：$\tilde{\boldsymbol{\omega}}_b$ 为陀螺的测量输出；$\boldsymbol{\beta}$ 为漂移量；$\boldsymbol{\eta}_v$ 和 $\boldsymbol{\eta}_u$ 为独立的零均值高斯白噪声过程，满足

$$\begin{aligned}\mathrm{E}\{\boldsymbol{\eta}_v(t)\boldsymbol{\eta}_v^{\mathrm{T}}(\tau)\} &= \sigma_v^2\delta(t-\tau)\boldsymbol{I}_{3\times3} \\ \mathrm{E}\{\boldsymbol{\eta}_u(t)\boldsymbol{\eta}_u^{\mathrm{T}}(\tau)\} &= \sigma_u^2\delta(t-\tau)\boldsymbol{I}_{3\times3}\end{aligned} \tag{6.42}$$

其中，$\delta(t-\tau)$ 为 Diracδ 函数，更为一般地考虑了刻度因子和失准角误差的陀螺模型可参见文献[7]。

根据方程(6.41)可得角速度的估计模型为

$$\hat{\boldsymbol{\omega}}_b = \tilde{\boldsymbol{\omega}}_b - \hat{\boldsymbol{\beta}} \tag{6.43}$$

联立式(6.41)和式(6.43)可得 $\Delta\boldsymbol{\omega}_b = -(\Delta\boldsymbol{\beta} + \boldsymbol{\eta}_v)$，其中 $\Delta\boldsymbol{\beta} \equiv \boldsymbol{\beta} - \hat{\boldsymbol{\beta}}$。于是方程(6.39)可写成

$$\Delta\dot{\boldsymbol{\phi}} = -[\hat{\boldsymbol{\omega}}_b \times]\Delta\boldsymbol{\phi} - (\Delta\boldsymbol{\beta} + \boldsymbol{\eta}_v) \tag{6.44}$$

选取误差状态变量 $\Delta\boldsymbol{x}_{\mathrm{gyro}} \equiv [\Delta\boldsymbol{\phi}^{\mathrm{T}} \quad \Delta\boldsymbol{\beta}^{\mathrm{T}}]^{\mathrm{T}}$，可得有陀螺姿态确定系统的误差状态方程

$$\Delta\dot{\boldsymbol{x}}_{\mathrm{gyro}} = \boldsymbol{F}_{\mathrm{gyro}}\Delta x_{\mathrm{gyro}} + \boldsymbol{G}_{\mathrm{gyro}}\boldsymbol{w}_{\mathrm{gyro}} \tag{6.45}$$

其中，

$$\boldsymbol{F}_{\mathrm{gyro}} = \begin{bmatrix} -[\hat{\boldsymbol{\omega}}_b \times] & -\boldsymbol{I}_{3\times3} \\ \boldsymbol{0}_{3\times3} & \boldsymbol{0}_{3\times3} \end{bmatrix} \tag{6.46}$$

$$\boldsymbol{G}_{\mathrm{gyro}} = \begin{bmatrix} -\boldsymbol{I}_{3\times3} & \boldsymbol{0}_{3\times3} \\ \boldsymbol{0}_{3\times3} & \boldsymbol{I}_{3\times3} \end{bmatrix} \tag{6.47}$$

$$\boldsymbol{w}_{\mathrm{gyro}} \equiv \begin{bmatrix} \boldsymbol{\eta}_v \\ \boldsymbol{\eta}_u \end{bmatrix} \tag{6.48}$$

过程噪声 $\boldsymbol{w}_{\mathrm{gyro}}$ 的谱密度矩阵为

$$\boldsymbol{Q} = \begin{bmatrix} \sigma_v^2\boldsymbol{I}_{3\times3} & \boldsymbol{0}_{3\times3} \\ \boldsymbol{0}_{3\times3} & \sigma_u^2\boldsymbol{I}_{3\times3} \end{bmatrix} \tag{6.49}$$

2. 无陀螺姿态确定系统

在没有陀螺提供角速度信息的情况下，根据航天器的姿态动力学方程可得

$$\dot{\boldsymbol{\omega}}_b = \boldsymbol{f}(\boldsymbol{\omega}_b) = \boldsymbol{I}^{-1}[\boldsymbol{T}_c + \boldsymbol{T}_g + \boldsymbol{w}_d - \dot{\boldsymbol{h}} - \boldsymbol{\omega}_b \times (\boldsymbol{I}\boldsymbol{\omega}_b + \boldsymbol{h})] \tag{6.50}$$

式中：$\boldsymbol{I}$ 为航天器的惯量张量矩阵；$\boldsymbol{h}$ 为动量轮的角动量；$\boldsymbol{T}_c$ 为推力器提供的控制力矩；$\boldsymbol{T}_g$ 为重力梯度力矩；$\boldsymbol{w}_d$ 为其他环境干扰力矩，如气动力矩、太阳辐射力矩、地磁干扰力矩等。一般来说，环境干扰力矩与控制力矩相比很小，可近似作为模型噪声处理。当没有控制力矩作用时，此时航天器所受的合外力矩主要考虑重力梯度力矩 $\boldsymbol{T}_g$，方程(6.50)中的重力梯度力矩可描述成[3]

$$\boldsymbol{T}_g=\frac{3\mu}{|\boldsymbol{r}|^5}[\boldsymbol{A}(\boldsymbol{q}_{I\to b})\boldsymbol{r}\times\boldsymbol{I}\cdot(\boldsymbol{A}(\boldsymbol{q}_{I\to b})\boldsymbol{r})] \tag{6.51}$$

式中：μ 为引力常数；$\boldsymbol{r}$ 为航天器在惯性系中的位置矢量，由航天器的轨道运动学提供。

因此，由式(6.40)和式(6.51)可看出 $\boldsymbol{f}(\boldsymbol{\omega}_b)$ 与姿态误差矢量 $\Delta\boldsymbol{\phi}$ 有关，则式(6.50)可进一步改写为

$$\dot{\boldsymbol{\omega}}_b=\boldsymbol{f}(\boldsymbol{\omega}_b,\ \Delta\boldsymbol{\phi})=\boldsymbol{I}^{-1}[\boldsymbol{T}_c+\boldsymbol{T}_g-\dot{\boldsymbol{h}}-\boldsymbol{\omega}_b\times(\boldsymbol{I}\boldsymbol{\omega}_b+\boldsymbol{h})]+\boldsymbol{I}^{-1}\boldsymbol{w}_d \tag{6.52}$$

取方程(6.52)的全微分可得线性化方程

$$\Delta\dot{\boldsymbol{\omega}}_b=\boldsymbol{F}_{\omega\phi}\Delta\boldsymbol{\phi}+\boldsymbol{F}_{\omega\omega}\Delta\boldsymbol{\omega}_b+\boldsymbol{I}^{-1}\boldsymbol{w}_d \tag{6.53}$$

式中：

$$\begin{aligned}\boldsymbol{F}_{\omega\phi}&=\left.\frac{\boldsymbol{f}(\boldsymbol{\omega}_b,\ \Delta\boldsymbol{\phi})}{\partial\Delta\boldsymbol{\phi}}\right|_{\hat{\omega}_b}=\boldsymbol{I}^{-1}\cdot\frac{\partial\boldsymbol{T}_g}{\partial\Delta\boldsymbol{\phi}}\\&=\boldsymbol{I}^{-1}\frac{3\mu}{|\hat{\boldsymbol{r}}|^5}\{[\boldsymbol{A}(\hat{\boldsymbol{q}}_{I\to b})\hat{\boldsymbol{r}}\times]\boldsymbol{I}-[\boldsymbol{I}\boldsymbol{A}(\hat{\boldsymbol{q}}_{I\to b})\hat{\boldsymbol{r}}\times]\}[\boldsymbol{A}(\hat{\boldsymbol{q}}_{I\to b})\hat{\boldsymbol{r}}\times]\end{aligned} \tag{6.54}$$

$$\boldsymbol{F}_{\omega\omega}=\left.\frac{\boldsymbol{f}(\boldsymbol{\omega}_b,\ \Delta\boldsymbol{\phi})}{\partial\,\omega_b}\right|_{\hat{\omega}_b}=\boldsymbol{I}^{-1}\{[(\boldsymbol{I}\hat{\boldsymbol{\omega}}_b+\boldsymbol{h})\times]-[\hat{\boldsymbol{\omega}}_b\times]\boldsymbol{I}\} \tag{6.55}$$

于是，选取误差状态变量 $\Delta\boldsymbol{x}_{\text{non-gyro}}\equiv[\Delta\boldsymbol{\phi}^{\mathrm{T}}\quad\Delta\boldsymbol{\omega}_b^{\mathrm{T}}]^{\mathrm{T}}$，利用式(6.39)和式(6.53)可得无陀螺姿态确定系统的误差状态方程

$$\Delta\dot{\boldsymbol{x}}_{\text{non-gyro}}=\boldsymbol{F}_{\text{non-gyro}}\Delta\boldsymbol{x}_{\text{non-gyro}}+\boldsymbol{G}_{\text{non-gyro}}\boldsymbol{w}_{\text{non-gyro}} \tag{6.56}$$

式中：

$$\boldsymbol{F}_{\text{non-gyro}}=\begin{bmatrix}-[\hat{\boldsymbol{\omega}}_b\times] & \boldsymbol{I}_{3\times3}\\ \boldsymbol{F}_{\omega\phi} & \boldsymbol{F}_{\omega\omega}\end{bmatrix} \tag{6.57}$$

$$\boldsymbol{G}_{\text{non-gyro}}=\begin{bmatrix}\boldsymbol{0}_{3\times3}\\ \boldsymbol{I}^{-1}\end{bmatrix} \tag{6.58}$$

$$\boldsymbol{w}_{\text{non-gyro}}=\boldsymbol{w}_d \tag{6.59}$$

过程噪声 $\boldsymbol{w}$ 的谱密度矩阵为 $\boldsymbol{Q}=\sigma_d^2\boldsymbol{I}_{3\times3}$。

至此，分别推导了有陀螺姿态确定系统和无陀螺姿态确定系统的误差状态方程，鉴于形式的相似性，可统一描述成如下形式：

$$\Delta\dot{\boldsymbol{x}}=\boldsymbol{F}\Delta\boldsymbol{x}+\boldsymbol{G}\boldsymbol{w} \tag{6.60}$$

6.2.3.3 状态和方差传播

状态参数 $\hat{\boldsymbol{q}}_{r\to b}$ 可通过式(6.31)积分得到，对于有陀螺姿态确定系统 $\hat{\boldsymbol{\omega}}_b$ 由式(6.43)得到，而对于无陀螺姿态确定系统 $\hat{\boldsymbol{\omega}}_b$ 由式(6.50)的积分得到。方差传播的离散形式可以表示成

$$\boldsymbol{P}_{k+1}^{-}=\boldsymbol{\Phi}_k\boldsymbol{P}_k^{+}\boldsymbol{\Phi}_k^{\mathrm{T}}+\boldsymbol{\mathcal{Q}}_k \tag{6.61}$$

式中：$\boldsymbol{\Phi}$ 为状态转移阵；$\boldsymbol{\mathcal{Q}}$为过程噪声方差阵。Loan 给出了这些矩阵的数值解[8]，首先取时间间隔 Δt，构造矩阵

$$\boldsymbol{\mathcal{A}}=\begin{bmatrix}-\boldsymbol{F} & \boldsymbol{GQG}^{\mathrm{T}}\\ \boldsymbol{0} & \boldsymbol{F}\end{bmatrix}\Delta t \tag{6.62}$$

式(6.62)中的矩阵 $\boldsymbol{F}$，$\boldsymbol{G}$，$\boldsymbol{Q}$ 均已定义，计算方程(6.62)的矩阵指数

$$\boldsymbol{\mathcal{B}}=\mathrm{e}^{\boldsymbol{\mathcal{A}}}\equiv\begin{bmatrix}\boldsymbol{\mathcal{B}}_{11} & \boldsymbol{\mathcal{B}}_{12}\\ \boldsymbol{0} & \boldsymbol{\mathcal{B}}_{22}\end{bmatrix}=\begin{bmatrix}\boldsymbol{\mathcal{B}}_{11} & \boldsymbol{\Phi}^{-1}\boldsymbol{\mathcal{Q}}\\ \boldsymbol{0} & \boldsymbol{\Phi}^{\mathrm{T}}\end{bmatrix} \tag{6.63}$$

于是可得

$$\boldsymbol{\Phi}=\boldsymbol{\mathcal{B}}_{22}^{\mathrm{T}} \tag{6.64}$$

$$\boldsymbol{\mathcal{Q}}=\boldsymbol{\Phi}\,\boldsymbol{\mathcal{B}}_{12} \tag{6.65}$$

不过，上述方法需要计算矩阵指数，在 Matlab 环境下较容易实现，但在 C 语言环境中仍需要编写矩阵指数函数。文献[9-10]中运用矩阵论中二次型原理推导了连续系统离散化的一般公式，指出离散过程噪声协方差矩阵具有形式为

$$\boldsymbol{Q}_k=\sum_{J=1}^{N}\sum_{I=1}^{N}\frac{1}{(I+J-1)}\frac{1}{(I-1)!}\frac{1}{(J-1)!}\boldsymbol{F}^{I-1}(t_k)\boldsymbol{G}(t_k)\boldsymbol{Q}_w(t_k)\boldsymbol{G}^{\mathrm{T}}(t_k)(\boldsymbol{F}^{\mathrm{T}}(t_k))^{J-1}\Delta t^{I+J-1} \tag{6.66}$$

可根据精度要求选取适当的 N，一般选取 $N=3\sim4$。式(6.66)的具体证明过程可参考 6.6 节。

6.2.3.4 观测方程及其线性化

航天器上应用的姿态敏感器种类很多，常见的有三轴磁强计、太阳敏感器、红外地平仪和星敏感器等，这些敏感器通常可将其测量值转换为单位矢量形式，进而可利用基于矢量观测的姿态确定方法来获取航天器的姿态，这类问题一般可归结为 Wahba 问题。倘若姿态敏感器的数据处理单元利用这些观测矢量直接求解出当前姿态信息，并以欧拉角或四元数形式作为测量输出，那么对于该敏感器而言，它的观测量可认为是欧拉角或四元数。因此，常用的姿态敏感器观测模型包括矢量观测模型、四元数观测模型和欧拉角观测模型。

1. 矢量观测模型

通常，基于矢量观测的姿态敏感器测量值 $\boldsymbol{h}(\boldsymbol{v}_B)$ 是关于体系中观测矢量 $\boldsymbol{v}_B$ 的 m 分量函数，因此测量方程可写成

$$\tilde{\boldsymbol{z}}=\boldsymbol{h}(\boldsymbol{v}_B)+\boldsymbol{\varepsilon} \tag{6.67}$$

测量灵敏度矩阵为

$$\boldsymbol{H}_{\Delta\boldsymbol{\phi}}=\frac{\partial \boldsymbol{h}}{\partial(\Delta\boldsymbol{\phi})}=\left(\frac{\partial \boldsymbol{h}}{\partial \boldsymbol{v}_B}\frac{\partial \boldsymbol{v}_B}{\partial(\Delta\boldsymbol{\phi})}\right)\bigg|_{\hat{q}(-)}=\left(\frac{\partial \boldsymbol{h}}{\partial \boldsymbol{v}_B}\frac{\partial}{\partial(\Delta\boldsymbol{\phi})}\boldsymbol{A}(\delta\boldsymbol{q})\hat{\boldsymbol{v}}_B\right)\bigg|_{\hat{q}(-)} \tag{6.68}$$

其中，

$$\hat{\boldsymbol{v}}_B\equiv\boldsymbol{A}(\hat{\boldsymbol{q}}_{r\to b}(-))\hat{\boldsymbol{v}}_r \tag{6.69}$$

式中：$\hat{\boldsymbol{v}}_r$ 为参考坐标系中估计的观测矢量。事实上，很多观测矢量都是基于惯性系中定义的，如星敏感器、太阳敏感器等，此时方程(6.69)在实际运用当中可以展开为

$$\hat{\boldsymbol{v}}_r=\boldsymbol{A}(\hat{\boldsymbol{q}}_{I\to r}(-))\boldsymbol{v}_I \tag{6.70}$$

由此可以看出，只要知道准确的坐标旋转矩阵，观测矢量可基于任意坐标系中定义。因此，为了不失一般性，将 $\hat{\boldsymbol{v}}_B$ 统一写成方程(6.69)的形式，观测量的预估值可写成 $\hat{\boldsymbol{z}}=\boldsymbol{h}(\hat{\boldsymbol{v}}_B)$.

注意到 $\boldsymbol{A}(\delta\boldsymbol{q})=\boldsymbol{I}_{3\times3}-[\Delta\boldsymbol{\phi}\times]$，则方程(6.68)可改写为

$$\boldsymbol{H}_{\Delta\boldsymbol{\phi}}=\frac{\partial \boldsymbol{h}}{\partial \boldsymbol{v}_B}\bigg|_{\hat{v}_B}\frac{\partial}{\partial(\Delta\boldsymbol{\phi})}(-[\Delta\boldsymbol{\phi}\times]\hat{\boldsymbol{v}}_B)=\frac{\partial \boldsymbol{h}}{\partial \boldsymbol{v}_B}\bigg|_{\hat{v}_B}\frac{\partial}{\partial(\Delta\boldsymbol{\phi})}([\hat{\boldsymbol{v}}_B\times]\Delta\boldsymbol{\phi})=\frac{\partial \boldsymbol{h}}{\partial \boldsymbol{v}_B}\bigg|_{\hat{v}_B}[\hat{\boldsymbol{v}}_B\times] \tag{6.71}$$

对于焦平面敏感器(如太阳敏感器或星敏感器)而言，选取 z 方向为其敏感轴方向，则测量方程可写成

$$\boldsymbol{h}(\boldsymbol{v}_B)=\begin{bmatrix}u_1/u_3\\u_2/u_3\end{bmatrix} \tag{6.72}$$

其中，$\boldsymbol{u}=\boldsymbol{A}_{b\to s}\boldsymbol{v}_B$ 为敏感器坐标系中描述的观测矢量，$\boldsymbol{A}_{b\to s}$ 表示从航天器体系到敏感器坐标系的姿态旋转矩阵。根据式(6.71)可得

$$\begin{aligned}\boldsymbol{H}_{\Delta\boldsymbol{\phi}}&=\frac{\partial \boldsymbol{h}}{\partial \boldsymbol{u}}\bigg|_{\hat{\boldsymbol{u}}}\frac{\partial \boldsymbol{u}}{\partial \boldsymbol{v}_B}[\boldsymbol{A}_{b\to s}^{-1}\hat{\boldsymbol{u}}\times]=\frac{\partial \boldsymbol{h}}{\partial \boldsymbol{u}}\bigg|_{\hat{\boldsymbol{u}}}[\hat{\boldsymbol{u}}\times]A_{b\to s}\\&=\frac{1}{\hat{u}_3^2}\begin{bmatrix}\hat{u}_3&0&-\hat{u}_1\\0&\hat{u}_3&-\hat{u}_2\end{bmatrix}[\hat{\boldsymbol{u}}\times]\boldsymbol{A}_{b\to s}\end{aligned} \tag{6.73}$$

式(6.73)的计算中利用了正常正交矩阵的正交变换性质公式$[\boldsymbol{C}\boldsymbol{u}\times]=\boldsymbol{C}[\boldsymbol{u}\times]\boldsymbol{C}^{\mathrm{T}}$。

对于三轴磁强计而言，其敏感的是磁场矢量在磁强计中的分量，观测量是矢量本身，满足

$$\boldsymbol{h}(\boldsymbol{v}_B)=\boldsymbol{u} \tag{6.74}$$

测量灵敏度矩阵为

$$\boldsymbol{H}_{\Delta\boldsymbol{\phi}}=\left.\frac{\partial \boldsymbol{h}}{\partial \boldsymbol{u}}\right|_{\hat{\boldsymbol{u}}}[\hat{\boldsymbol{u}}\times]\boldsymbol{A}_{b\to s}=[\hat{\boldsymbol{u}}\times]\boldsymbol{A}_{b\to s} \tag{6.75}$$

事实上，许多视线敏感器测量值都可以被重构为单位矢量形式，但要注意重构后观测噪声方差阵的传播。通常，对于小视场敏感器，采用 QUEST 观测模型，其优势在于观测方差阵在 EKF 公式可以等效地用非奇异阵 $\sigma^2\boldsymbol{I}_{3\times3}$ 代替。而针对大视场敏感器情形，Cheng 利用一阶泰勒展开近似扩展了 QUEST 测量模型[11]。

因为观测量不显式依赖于陀螺漂移和航天器姿态角速度，因此，不论对于有陀螺姿态确定系统还是无陀螺姿态确定系统，总测量灵敏度矩阵可写成

$$\boldsymbol{H}=[\boldsymbol{H}_{\Delta\boldsymbol{\phi}}\quad \boldsymbol{0}_{m\times3}] \tag{6.76}$$

2. 四元数观测模型

目前，不少现代姿态敏感器能够根据观测矢量直接给出四元数观测值，四元数输出模型为

$$\tilde{\boldsymbol{q}}_{r\to\tilde{s}}=\boldsymbol{q}_{s\to\tilde{s}}\otimes\boldsymbol{q}_{b\to s}\otimes\boldsymbol{q}_{r\to b} \tag{6.77}$$

其中，$\boldsymbol{q}_{b\to s}$ 表示从体系到敏感器坐标系的姿态四元数，$\boldsymbol{q}_{s\to\tilde{s}}$ 由星敏感器的测量噪声引起，定义为 $\delta\boldsymbol{q}(\boldsymbol{v}_{\mathrm{s}})$。同样，这里假设观测到的四元数为从参考坐标系到敏感器体系，若观测到的四元数是从惯性系到敏感器体系，只需要利用 $\boldsymbol{q}_{I\to r}$ 进行四元数转换即可得到，并不影响本章的结论。

当处理敏感器输出的四元数观测值时，一般进行预处理构造新的观测量

$$\begin{bmatrix}\dfrac{1}{2}\tilde{\boldsymbol{z}}\\ 1\end{bmatrix}=\tilde{\boldsymbol{q}}_{r\to\tilde{s}}\otimes[\hat{\boldsymbol{q}}_{b\to r}\otimes\boldsymbol{q}_{s\to b}] \tag{6.78}$$

经过推导可得新构造的观测量与姿态误差矢量的关系式为

$$\tilde{\boldsymbol{z}}=\boldsymbol{A}_{b\to s}\Delta\boldsymbol{\phi}+\boldsymbol{v}_{\mathrm{s}} \tag{6.79}$$

由式(6.79)可得测量灵敏矩阵为

$$\boldsymbol{H}_{\Delta\boldsymbol{\phi}}=\boldsymbol{A}_{b\to s} \tag{6.80}$$

由于每次滤波更新后，滤波器重置，则有 $\Delta\hat{\boldsymbol{\phi}}(-)=\boldsymbol{0}$，所以观测量预估值为 $\hat{z}=\boldsymbol{0}_{3\times1}$。同样，不论对于有陀螺姿态确定系统还是无陀螺姿态确定系统，总测量灵敏度矩阵可写成

$$\boldsymbol{H}=[\boldsymbol{H}_{\Delta\boldsymbol{\phi}}\quad \boldsymbol{0}_{3\times3}] \tag{6.81}$$

3. 欧拉角观测模型

当定义了欧拉角转序后，某些姿态敏感器可给出欧拉角观测值，观测模型

可描述成

$$\tilde{z}=\begin{bmatrix}\tilde{\varphi}\\\tilde{\vartheta}\\\tilde{\psi}\end{bmatrix}=\begin{bmatrix}\varphi\\\vartheta\\\psi\end{bmatrix}+\varepsilon \tag{6.82}$$

类似地，这里假设给出的欧拉角为航天器相对于参考坐标系的姿态角，若不是，可进行坐标转换得到。因此，观测量的预估值可由当前所估计的姿态四元数 $\hat{\boldsymbol{q}}_{r\to b}$ 转换得到，可写成 $\hat{z}=[\hat{\varphi}\quad\hat{\vartheta}\quad\hat{\psi}]^{\mathrm{T}}$。

下面重点介绍如何计算其关于姿态误差矢量的测量灵敏度矩阵，根据式(6.7)可得欧拉角运动学方程

$$\boldsymbol{\omega}_{b/r}=\boldsymbol{M}(\varphi,\ \vartheta,\ \psi)\begin{bmatrix}\dot{\varphi}\\\dot{\vartheta}\\\dot{\psi}\end{bmatrix} \tag{6.83}$$

其中，$\boldsymbol{M}(\varphi,\ \vartheta,\ \psi)$是关于 φ，ϑ，ψ 的函数矩阵，其形式由欧拉角转序决定，具体可参见附录 B。根据姿态角速度的定义，有

$$\boldsymbol{\omega}_{b/r}(t)\equiv\lim_{\Delta t\to 0}\frac{\Delta\boldsymbol{\phi}(t)}{\Delta t} \tag{6.84}$$

于是，根据式(6.83)和式(6.84)可得欧拉角误差与姿态误差矢量的关系为

$$\begin{bmatrix}\Delta\varphi\\\Delta\vartheta\\\Delta\psi\end{bmatrix}=\boldsymbol{M}^{-1}(\varphi,\ \vartheta,\ \psi)\Delta\boldsymbol{\phi} \tag{6.85}$$

式中，欧拉角误差测量值可由欧拉角的观测值减去欧拉角的预估值得到，即

$$\tilde{z}=\begin{bmatrix}\Delta\tilde{\varphi}\\\Delta\tilde{\vartheta}\\\Delta\tilde{\psi}\end{bmatrix}=\begin{bmatrix}\tilde{\varphi}\\\tilde{\vartheta}\\\tilde{\psi}\end{bmatrix}-\begin{bmatrix}\hat{\varphi}\\\hat{\vartheta}\\\hat{\psi}\end{bmatrix} \tag{6.86}$$

值得注意的是，国内不少文献误写出如下观测方程：

$$\begin{bmatrix}\Delta\varphi\\\Delta\vartheta\\\Delta\psi\end{bmatrix}=\begin{bmatrix}2&0&0\\0&2&0\\0&0&2\end{bmatrix}\begin{bmatrix}\Delta q_1\\\Delta q_2\\\Delta q_3\end{bmatrix} \tag{6.87}$$

或

$$\begin{bmatrix}\Delta\varphi\\\Delta\vartheta\end{bmatrix}=\begin{bmatrix}2&0&0\\0&2&0\end{bmatrix}\begin{bmatrix}\Delta q_1\\\Delta q_2\end{bmatrix} \tag{6.88}$$

将欧拉角误差与姿态误差矢量混淆了，事实上，方程(6.87)右边即为姿态误差矢量 $\boldsymbol{\Delta\phi}$，与式(6.85)对比可发现，式(6.87)中的观测方程是错误的。为了更好地说明这个问题的本质，下面以 3-1-2 欧拉角转序为例，这个问题可描述成反解如下等式：

$$\boldsymbol{M}_2(\tilde{\psi})\boldsymbol{M}_1(\tilde{\vartheta})\boldsymbol{M}_3(\tilde{\varphi})=(\boldsymbol{I}_{3\times3}-[\boldsymbol{\Delta\phi}\times])\boldsymbol{M}_2(\hat{\psi})\boldsymbol{M}_1(\hat{\vartheta})\boldsymbol{M}_3(\hat{\varphi}) \tag{6.89}$$

式中：$\boldsymbol{M}_1(\cdot)$，$\boldsymbol{M}_2(\cdot)$，$\boldsymbol{M}_3(\cdot)$ 为分别绕 x，y，z 轴的初等转换矩阵。将式(6.89)展开并忽略二阶小量后，可得

$$\begin{bmatrix}\Delta\varphi\\ \Delta\vartheta\\ \Delta\psi\end{bmatrix}=\begin{bmatrix}-\sin\psi\sec\vartheta & 0 & \cos\psi\sec\vartheta\\ \cos\psi & 0 & \sin\psi\\ \sin\psi\tan\vartheta & 1 & -\cos\psi\tan\vartheta\end{bmatrix}\boldsymbol{\Delta\phi} \tag{6.90}$$

可以看出，式(6.90)右边的矩阵即为式(6.83)中 3-1-2 转序下的函数矩阵 $\boldsymbol{M}^{-1}(\varphi,\ \vartheta,\ \psi)$。因此，当直接利用欧拉角作为观测量时，需要注意此时欧拉角误差(即欧拉角观测值减去欧拉角预估值)并不等同于姿态误差矢量。事实上，当选用反对称转序的欧拉角描述式(6.35)中的姿态误差矩阵时，此时关于第 i 轴旋转的欧拉角等于 $\boldsymbol{\Delta\phi}_i$，以 3-1-2 转序为例，有

$$\boldsymbol{A}(\delta\boldsymbol{q})=\boldsymbol{A}_{312}(\Delta\varphi',\ \Delta\vartheta',\ \Delta\psi')\approx\begin{bmatrix}1 & \Delta\varphi' & -\Delta\psi'\\ -\Delta\varphi' & 1 & \Delta\vartheta'\\ \Delta\psi' & -\Delta\vartheta' & 1\end{bmatrix} \tag{6.91}$$

这里的欧拉旋转角才与误差四元数矢部存在如下关系：

$$\begin{bmatrix}\Delta\vartheta'\\ \Delta\psi'\\ \Delta\varphi'\end{bmatrix}=\begin{bmatrix}2 & 0 & 0\\ 0 & 2 & 0\\ 0 & 0 & 2\end{bmatrix}\begin{bmatrix}\Delta q_1\\ \Delta q_2\\ \Delta q_3\end{bmatrix} \tag{6.92}$$

但从式(6.89)中可以明显看出这里的欧拉旋转角 $\Delta\varphi'$，$\Delta\vartheta'$，$\Delta\psi'$ 与欧拉误差角 $\Delta\varphi$，$\Delta\vartheta$，$\Delta\psi$ 是两个不同的概念，而构造的观测量只能够提供后者。

因此，根据方程(6.85)可得测量灵敏度矩阵为

$$\boldsymbol{H}_{\Delta\phi}=\boldsymbol{M}^{-1}(\hat{\varphi},\ \hat{\vartheta},\ \hat{\psi}) \tag{6.93}$$

总测量灵敏矩阵为

$$\boldsymbol{H}=[\boldsymbol{H}_{\Delta\phi}\quad \boldsymbol{0}_{3\times3}] \tag{6.94}$$

另外，若定义欧拉角列矢量为 θ，则根据式(6.85)可得欧拉角误差的方差阵为

$$\boldsymbol{P}_{\theta\theta}=\boldsymbol{M}^{-1}\boldsymbol{P}_{\phi\phi}(\boldsymbol{M}^{-1})^{\mathrm{T}} \tag{6.95}$$

分析可知，$\boldsymbol{P}_{\phi\phi}$ 是相对独立的，而 $\boldsymbol{P}_{\theta\theta}$ 大小则依赖于函数矩阵 $\boldsymbol{M}$，因此非常大的 $\boldsymbol{P}_{\theta\theta}$ 并不代表姿态误差很大，对于某些特定的欧拉角来说，$\boldsymbol{M}$ 阵甚至可

能是奇异的，此时 $\boldsymbol{P}_{\theta\theta}$ 为无穷大，而姿态误差有可能很小。因此，在观测模型的选取上，作者不提倡使用欧拉角观测模型，建议利用四元数和欧拉角的转化关系将其转换为四元数观测模型。对于仅能观测两个姿态角的观测模型均为上述观测模型的特例。

6.2.3.5　滤波更新

无论是对于有陀螺姿态确定系统还是无陀螺姿态确定系统，观测模型不论是矢量观测模型、四元数观测模型还是欧拉角观测模型，均可直接给出如下统一形式的滤波更新方程：

$$\Delta\hat{\boldsymbol{x}}(+)=\boldsymbol{K}(\tilde{\boldsymbol{z}}-\hat{\boldsymbol{z}}) \tag{6.96}$$

$$\boldsymbol{K}=\boldsymbol{P}(-)\boldsymbol{H}^{\mathrm{T}}[\boldsymbol{H}\boldsymbol{P}(-)\boldsymbol{H}^{\mathrm{T}}+\boldsymbol{R}]^{-1} \tag{6.97}$$

$$\boldsymbol{P}(+)=[\boldsymbol{I}-\boldsymbol{K}\boldsymbol{H}]\boldsymbol{P}(-) \tag{6.98}$$

其中，四元数采用如下形式进行更新：

$$\hat{\boldsymbol{q}}_{r\to b}^{+}=\delta\boldsymbol{q}(\Delta\boldsymbol{\phi})\otimes\hat{\boldsymbol{q}}_{r\to b}^{-} \tag{6.99}$$

对于有陀螺姿态确定系统，陀螺漂移更新方程为

$$\hat{\boldsymbol{\beta}}(+)=\hat{\boldsymbol{\beta}}(-)+\Delta\hat{\boldsymbol{\beta}}(+) \tag{6.100}$$

对于无陀螺姿态确定系统，姿态角速度更新方程为

$$\hat{\boldsymbol{\omega}}_b(+)=\hat{\boldsymbol{\omega}}_b(-)+\Delta\hat{\boldsymbol{\omega}}_b(+) \tag{6.101}$$

当滤波器采用误差状态量作为滤波变量时，每次滤波更新后，滤波器都必须重置，即令 $\Delta\hat{\boldsymbol{x}}(+)=\boldsymbol{0}_{6\times1}$。

6.2.4　方差转换

上述卡尔曼滤波得到的姿态方差阵是基于姿态误差矢量 $\Delta\boldsymbol{\phi}$ 定义的，即

$$\boldsymbol{P}_{\phi\phi}=\mathrm{E}\{\Delta\boldsymbol{\phi}\Delta\boldsymbol{\phi}^{\mathrm{T}}\} \tag{6.102}$$

另外，对四元数运动学方程(6.29)积分可得

$$\Delta\boldsymbol{q}=\frac{1}{2}\boldsymbol{\Xi}(\boldsymbol{q})\Delta\boldsymbol{\phi},\qquad \Delta\boldsymbol{\phi}=2\boldsymbol{\Xi}^{\mathrm{T}}(\boldsymbol{q})\Delta\boldsymbol{q} \tag{6.103}$$

定义四元数方差阵 $\boldsymbol{P}_{qq}=\mathrm{E}\{\Delta\boldsymbol{q}\Delta\boldsymbol{q}^{\mathrm{T}}\}$，则可得

$$\boldsymbol{P}_{qq}=\frac{1}{4}\boldsymbol{\Xi}(q)\boldsymbol{P}_{\phi\phi}\boldsymbol{\Xi}^{\mathrm{T}}(\boldsymbol{q}) \tag{6.104}$$

利用等式 $\Delta\boldsymbol{\phi}=2\delta\boldsymbol{\varrho}$ 可得误差四元数方差阵与其矢部方差阵的关系：

$$\boldsymbol{P}_{qq}=\boldsymbol{\Xi}(\boldsymbol{q})\boldsymbol{P}_{\varrho\varrho}\boldsymbol{\Xi}^{\mathrm{T}}(\boldsymbol{q}) \tag{6.105}$$

欧拉角误差的方差阵与姿态方差阵的转换关系见式(6.95)，利用该公式在进行滤波时可实时计算欧拉角误差的 3σ 边界。

因此，可利用卡尔曼滤波中得到的姿态方差阵 $\boldsymbol{P}_{\phi\phi}$ 分别转化为四元数方差

阵 $\boldsymbol{P}_{qq}$，欧拉角误差方差阵 $\boldsymbol{P}_{\theta\theta}$ 进行滤波性能综合评估，相关的测量灵敏度矩阵见附录 D。

6.3 AEKF 与 MEKF

四元数冗余性问题通过某些技巧处理可以得到良好解决。这些成功的估计方法可以归结为约束估计方案和非约束估计方案：① 约束估计方案，将四元数估计问题从单位超球面(四维欧拉空间上内嵌的三维单位球面，简称四元数超球面)转换到当地球面的正切空间内进行，如前述 MEKF 方法所示；② 非约束估计方案，不承认四元数冗余性必将导致其协方差阵的奇异性，而将四元数当成普通状态量进行时间更新和观测更新处理，然后利用强制方法或带单位约束的最优化方法重新归一化。与约束估计方案相比，非约束估计方案并非不考虑四元数的单位约束，而只是在具体策略和手段选择上有所不同而已。

本节将对加性扩展卡尔曼滤波(AEKF)[12]进行介绍，该方法是一种常见的非约束估计方案。

6.3.1 姿态运动学方程及陀螺测量模型

姿态四元数运动学方程为

$$\dot{\boldsymbol{q}}=\frac{1}{2}\boldsymbol{\varXi}(\boldsymbol{q})\boldsymbol{\omega}=\frac{1}{2}\boldsymbol{\Omega}(\boldsymbol{\omega})\boldsymbol{q} \tag{6.106}$$

式中：$\boldsymbol{\omega}$ 为三分量的角速度矢量，且有

$$\boldsymbol{\Omega}(\boldsymbol{\omega})\equiv\begin{bmatrix}-[\boldsymbol{\omega}\times] & \boldsymbol{\omega}\\ -\boldsymbol{\omega}^{\mathrm{T}} & 0\end{bmatrix} \tag{6.107}$$

一般来说，陀螺测量的是航天器的惯性姿态角速度在体系中的分量，通常采用如下模型：

$$\begin{cases}\tilde{\boldsymbol{\omega}}=\boldsymbol{\omega}+\boldsymbol{\beta}+\boldsymbol{\eta}_v\\ \dot{\boldsymbol{\beta}}=\boldsymbol{\eta}_u\end{cases} \tag{6.108}$$

式中：$\tilde{\boldsymbol{\omega}}$ 为陀螺的测量输出；$\boldsymbol{\omega}$ 为惯性角速度真值；$\boldsymbol{\beta}$ 为漂移量；$\boldsymbol{\eta}_v$ 和 $\boldsymbol{\eta}_u$ 为独立的零均值高斯白噪声过程，满足

$$\begin{cases}\mathrm{E}\{\boldsymbol{\eta}_v(t)\boldsymbol{\eta}_v^{\mathrm{T}}(\tau)\}=\sigma_v^2\delta(t-\tau)\boldsymbol{I}_{3\times3}\\ \mathrm{E}\{\boldsymbol{\eta}_u(t)\boldsymbol{\eta}_u^{\mathrm{T}}(\tau)\}=\sigma_u^2\delta(t-\tau)\boldsymbol{I}_{3\times3}\end{cases} \tag{6.109}$$

式中：σ_v 和 σ_u 分别为随机漂移噪声 $\boldsymbol{\eta}_v$ 和漂移斜率噪声 $\boldsymbol{\eta}_u$ 的标准差。

6.3.2 AEKF 姿态确定方法

经推导，姿态确定系统真实状态方程为

$$\dot{\boldsymbol{q}} = \frac{1}{2}\begin{bmatrix}\boldsymbol{\omega}\\0\end{bmatrix}\otimes\boldsymbol{q} = \frac{1}{2}\boldsymbol{\Omega}(\boldsymbol{\omega})\boldsymbol{q} = \frac{1}{2}\boldsymbol{\Omega}(\tilde{\boldsymbol{\omega}}-\boldsymbol{\beta}-\boldsymbol{\eta}_v)\boldsymbol{q}$$

$$= \frac{1}{2}\boldsymbol{\Omega}(\tilde{\boldsymbol{\omega}}-\boldsymbol{\beta})\boldsymbol{q}-\frac{1}{2}\boldsymbol{\Xi}(\boldsymbol{q})\boldsymbol{\eta}_v \tag{6.110}$$

$$\dot{\boldsymbol{\beta}} = \boldsymbol{\eta}_u \tag{6.111}$$

估计方程为

$$\dot{\hat{\boldsymbol{q}}} = \frac{1}{2}\boldsymbol{\Omega}(\tilde{\boldsymbol{\omega}}-\hat{\boldsymbol{\beta}})\hat{\boldsymbol{q}} \tag{6.112}$$

$$\dot{\hat{\boldsymbol{\beta}}} = \mathbf{0} \tag{6.113}$$

AEKF 方法放宽了四元数归一化条件，并且将四元数的四个分量看成独立参数。加性四元数定义四元数估计值 $\hat{\boldsymbol{q}}$ 和误差四元数为

$$\Delta\boldsymbol{q} = \boldsymbol{q}-\hat{\boldsymbol{q}} \tag{6.114}$$

线性化姿态运动学方程(6.110)可得

$$\Delta\dot{\boldsymbol{q}} = \frac{1}{2}\boldsymbol{\Omega}(\tilde{\boldsymbol{\omega}}-\hat{\boldsymbol{\beta}})\Delta\boldsymbol{q}-\frac{1}{2}\boldsymbol{\Xi}(\hat{\boldsymbol{q}})\boldsymbol{\eta}_v \tag{6.115}$$

选取状态变量 $\Delta\boldsymbol{x}\equiv[\Delta\boldsymbol{q}^{\mathrm{T}}\quad \Delta\boldsymbol{\beta}^{\mathrm{T}}]^{\mathrm{T}}$，则可得误差状态方程

$$\Delta\dot{\boldsymbol{x}} = \boldsymbol{F}\Delta\boldsymbol{x}+\boldsymbol{G}\boldsymbol{w} \tag{6.116}$$

其中，

$$\boldsymbol{F} = \begin{bmatrix}\frac{1}{2}\boldsymbol{\Omega}(\hat{\boldsymbol{\omega}}) & -\frac{1}{2}\boldsymbol{\Xi}(\hat{\boldsymbol{q}})\\ \mathbf{0}_{3\times4} & \mathbf{0}_{3\times3}\end{bmatrix} \tag{6.117}$$

$$\boldsymbol{G} = \begin{bmatrix}-\frac{1}{2}\boldsymbol{\Xi}(\hat{\boldsymbol{q}}) & \mathbf{0}_{4\times3}\\ \mathbf{0}_{3\times3} & \boldsymbol{I}_{3\times3}\end{bmatrix} \tag{6.118}$$

$$\boldsymbol{w} \equiv \begin{bmatrix}\boldsymbol{\eta}_v\\ \boldsymbol{\eta}_u\end{bmatrix} \tag{6.119}$$

过程噪声 $\boldsymbol{w}$ 的谱密度矩阵为

$$\boldsymbol{Q} = \begin{bmatrix}\sigma_v^2\boldsymbol{I}_{3\times3} & \mathbf{0}_{3\times3}\\ \mathbf{0}_{3\times3} & \sigma_u^2\boldsymbol{I}_{3\times3}\end{bmatrix} \tag{6.120}$$

由式(5.23)可以看出，姿态矩阵是关于四元数的齐二次式，只有当四元

数具有单位范数时，该姿态矩阵才是正交的。因此，实现 AEKF 有两种方式，一种是 Quadratic AEKF，另外一种是 Ray AEKF，即在式(5.23)中利用归一化的四元数 $\boldsymbol{q}/|\boldsymbol{q}|$，即有

$$\boldsymbol{A}_R(\boldsymbol{q})=\boldsymbol{A}(\boldsymbol{q}/|\boldsymbol{q}|)=|\boldsymbol{q}|^{-2}\boldsymbol{A}(\boldsymbol{q}) \tag{6.121}$$

AEKF 的全矢量观测模型与 MEKF 的相似，只不过此时认为其是关于四元数 $\boldsymbol{q}$ 的函数，而不是关于姿态误差矢量 $\Delta\boldsymbol{\phi}$，可以写作

$$\boldsymbol{z}=\boldsymbol{h}_A(\boldsymbol{q})+\boldsymbol{n}_z=\boldsymbol{A}(\boldsymbol{q})\boldsymbol{v}_I+\boldsymbol{n}_z \tag{6.122}$$

测量灵敏度矩阵为

$$\boldsymbol{H}_q=\partial\boldsymbol{h}_A/\partial\boldsymbol{q}=2|\hat{\boldsymbol{q}}|^{-2}([\hat{\boldsymbol{v}}_B\times]\boldsymbol{\Xi}^{\mathrm{T}}(\hat{\boldsymbol{q}})+k\hat{\boldsymbol{v}}_B\hat{\boldsymbol{q}}^{\mathrm{T}}) \tag{6.123}$$

对于 Ray AEKF 而言，$k=0$；对于 Quadratic AEKF 而言，$k=1$。

非约束 AEKF 的一个缺点是它的方差矩阵包含了四元数范数不确定性方差和范数不确定性及其他待估参数的协方差信息，这在 MEKF 中是没有的。

AEKF 和 MEKF 的本质区别在于四元数误差修正过程中是否遵循了单位范数约束条件而不在于修正形式是加法还是四元数乘法，Shuster 指出如果对 AEKF 加以适当的约束，那么它可等价于 MEKF，但是计算量大[13]。

6.4 USQUE 姿态确定方法

6.4.1 Unscented 卡尔曼滤波

1995 年，Julier 和 Uhlmann[14-15] 基于 Unscented 变换(Unscented Transformation，UT)提出了 Unscented 卡尔曼滤波器(UKF)，该滤波器利用 UT 变换取代了局部线性化，不需要计算雅可比导数矩阵，并可以证明 UKF 的理论估计精度优于 EKF。

6.4.1.1 UKF-完整情形

考虑离散的非线性系统模型

$$\boldsymbol{x}_{k+1}=\boldsymbol{f}(\boldsymbol{x}_k,\ \boldsymbol{w}_k) \tag{6.124}$$

$$\tilde{\boldsymbol{y}}_k=\boldsymbol{h}(\boldsymbol{x}_k,\ \boldsymbol{v}_k) \tag{6.125}$$

式中：$\boldsymbol{x}_k$ 为 n 维状态矢量；$\tilde{\boldsymbol{y}}_k$ 为 m 维观测矢量；$\boldsymbol{w}_k$ 和 $\boldsymbol{v}_k$ 分别为动态系统的过程噪声和观测噪声。

UKF 算法的基本思想是采用与 EKF 算法类似的一套递推公式，通过状态统计特性的递推和测量更新来估计状态的均值和方差。在 EKF 算法中，状态的统计特性传播是通过非线性函数的线性化来近似实现的，其滤波精度取决于

函数$\boldsymbol{f}(\cdot)$，$\boldsymbol{h}(\cdot)$的非线性程度，所以在实际应用中 EKF 可能出现发散等异常现象；而 UKF 是应用 Unscented 变换选取一系列近似高斯分布的采样点，通过非线性函数来进行状态的递推和更新，所以通常情况下其滤波精度要高于 EKF。此外，UKF 不须计算状态方程和观测方程的雅可比矩阵，实现相对简单，这给计算带来了极大的方便。

具体步骤如下：

(1) 初始化。

$$\hat{\boldsymbol{x}}_0=\mathrm{E}[\boldsymbol{x}_0],\ \boldsymbol{P}_0=\mathrm{E}[(\boldsymbol{x}_0-\hat{\boldsymbol{x}}_0)(\boldsymbol{x}_0-\hat{\boldsymbol{x}}_0)^{\mathrm{T}}] \tag{6.126}$$

$$\hat{\boldsymbol{x}}_0^a=\mathrm{E}[\boldsymbol{x}_0^a]=[\hat{\boldsymbol{x}}_0^{\mathrm{T}}\quad \overline{\boldsymbol{w}}_0^{\mathrm{T}}\quad \overline{\boldsymbol{v}}_0^{\mathrm{T}}]^{\mathrm{T}} \tag{6.127}$$

$$\begin{aligned}\boldsymbol{P}_0^a&=\mathrm{E}[(\boldsymbol{x}_0^a-\hat{\boldsymbol{x}}_0^a)(\boldsymbol{x}_0^a-\hat{\boldsymbol{x}}_0^a)^{\mathrm{T}}]\\&=\begin{bmatrix}\boldsymbol{P}_0&\boldsymbol{0}&\boldsymbol{0}\\\boldsymbol{0}&\boldsymbol{R}_w&\boldsymbol{0}\\\boldsymbol{0}&\boldsymbol{0}&\boldsymbol{R}_v\end{bmatrix}\end{aligned} \tag{6.128}$$

(2) 时间更新方程。

① 计算 Sigma 点：

$$\boldsymbol{\chi}_{k-1}^a=[\hat{\boldsymbol{x}}_{k-1}^a\quad \hat{\boldsymbol{x}}_{k-1}^a+\gamma\sqrt{\boldsymbol{P}_{k-1}^a}\quad \hat{\boldsymbol{x}}_{k-1}^a-\gamma\sqrt{\boldsymbol{P}_{k-1}^a}]^{\mathrm{T}},\qquad k=1,2,\cdots,\infty \tag{6.129}$$

② 时间更新方程：

$$\boldsymbol{\chi}_{k|k-1}^x=\boldsymbol{f}(\boldsymbol{\chi}_{k-1}^x,\ \boldsymbol{\chi}_{k-1}^w) \tag{6.130}$$

$$\hat{\boldsymbol{x}}_k^-=\sum_{i=0}^{2n}W_i^{\mathrm{mean}}\boldsymbol{\chi}_{i,k|k-1}^x \tag{6.131}$$

$$\boldsymbol{P}_k^-=\sum_{i=0}^{2n}W_i^{\mathrm{cov}}(\boldsymbol{\chi}_{i,k|k-1}^x-\hat{\boldsymbol{x}}_k^-)(\boldsymbol{\chi}_{i,k|k-1}^x-\hat{\boldsymbol{x}}_k^-)^{\mathrm{T}} \tag{6.132}$$

$$\boldsymbol{\mathcal{Y}}_{k|k-1}=\boldsymbol{h}(\boldsymbol{\chi}_{k|k-1}^x,\ \boldsymbol{\chi}_{k-1}^n) \tag{6.133}$$

$$\hat{\boldsymbol{y}}_k^-=\sum_{i=0}^{2n}W_i^{\mathrm{mean}}\boldsymbol{\mathcal{Y}}_{i,k|k-1} \tag{6.134}$$

(3) 观测更新方程。

$$\boldsymbol{P}_{y_ky_k}=\sum_{i=0}^{2n}W_i^{\mathrm{cov}}(\boldsymbol{\mathcal{Y}}_{i,k|k-1}-\hat{\boldsymbol{y}}_k^-)(\boldsymbol{\mathcal{Y}}_{i,k|k-1}-\hat{\boldsymbol{y}}_k^-)^{\mathrm{T}} \tag{6.135}$$

$$\boldsymbol{P}_{x_ky_k}=\sum_{i=0}^{2n}W_i^{\mathrm{cov}}(\boldsymbol{\chi}_{i,k|k-1}^x-\hat{\boldsymbol{x}}_k^-)(\boldsymbol{\mathcal{Y}}_{i,k|k-1}-\hat{\boldsymbol{y}}_k^-)^{\mathrm{T}} \tag{6.136}$$

$$\boldsymbol{K}_k=\boldsymbol{P}_{x_ky_k}\boldsymbol{P}_{y_ky_k}^{-1} \tag{6.137}$$

$$\hat{\boldsymbol{x}}_k^+=\hat{\boldsymbol{x}}_k^-+\boldsymbol{K}_k(\tilde{\boldsymbol{y}}_k-\hat{\boldsymbol{y}}_k^-) \tag{6.138}$$

$$P_k^+ = P_k^- - K_k P_{y_k y_k} K_k^{\mathrm{T}} \tag{6.139}$$

以上式中：$x^a = [x^{\mathrm{T}} \quad w^{\mathrm{T}} \quad v^{\mathrm{T}}]^{\mathrm{T}}$；$\boldsymbol{\chi}^a = [(\boldsymbol{\chi}^x)^{\mathrm{T}} \quad (\boldsymbol{\chi}^w)^{\mathrm{T}} \quad (\boldsymbol{\chi}^v)^{\mathrm{T}}]^{\mathrm{T}}$；$R_w$ 和 R_v 分别为过程噪声和观测噪声的方差阵；$\gamma = \sqrt{n+\lambda}$；$\lambda = \alpha^2(n+\kappa) - n$，参数 α 为调节 $\boldsymbol{\chi}$ 点散布范围大小的正系数($1\times10^{-4} \leqslant \alpha \leqslant 1$)；权重系数 $W_0^{\mathrm{mean}} = \lambda/(n+\lambda)$；$W_0^{\mathrm{cov}} = W_0^{\mathrm{mean}} + (1-\alpha^2+\beta)$；$W_i^{\mathrm{cov}} = W_i^{\mathrm{mean}} = 1/[2(n+\lambda)]$，$i=1, 2, \cdots, 2n$。参数 β 被用来增加协方差计算时 $\boldsymbol{\chi}_0$ 的权重，对高斯分布而言，$\beta=2$ 是最优选择。若选取 $\alpha=1$，$\beta=0$，$\kappa=0$，则此时 UKF 形式上等同于容积卡尔曼滤波(Cubature Kalman Filter，CKF)，但二者原理上存在本质不同。CKF 的具体形式见附录 E。

6.4.1.2 UKF-零均值加性噪声情形

在 6.4.1.1 节中，具体步骤如下：

(1) 初始化。

$$\hat{x}_0 = \mathrm{E}[x_0], \quad P_0 = \mathrm{E}[(x_0-\hat{x}_0)(x_0-\hat{x}_0)^{\mathrm{T}}] \tag{6.140}$$

(2) 时间更新方程。

① 计算 Sigma 点：

$$\boldsymbol{\chi}_{k-1} = [\hat{x}_{k-1} \quad \hat{x}_{k-1}+\gamma\sqrt{P_{k-1}} \quad \hat{x}_{k-1}-\gamma\sqrt{P_{k-1}}]^{\mathrm{T}}, \quad k=1, 2, \cdots, \infty \tag{6.141}$$

② 时间更新方程：

$$\boldsymbol{\chi}_{k|k-1}^* = f(\boldsymbol{\chi}_{k-1}) \tag{6.142}$$

$$\hat{x}_k^- = \sum_{i=0}^{2n} W_i^{\mathrm{mean}} \boldsymbol{\chi}_{i,k|k-1}^* \tag{6.143}$$

$$P_k^- = \sum_{i=0}^{2n} W_i^{\mathrm{cov}} (\boldsymbol{\chi}_{i,k|k-1}^* - \hat{x}_k^-)(\boldsymbol{\chi}_{i,k|k-1}^* - \hat{x}_k^-)^{\mathrm{T}} + R_w \tag{6.144}$$

(增加 $\boldsymbol{\chi}$ 点)

$$\boldsymbol{\chi}_{k|k-1} = [\boldsymbol{\chi}_{k|k-1}^* \quad \boldsymbol{\chi}_{0,k|k-1}^* + \gamma\sqrt{R_w} \quad \boldsymbol{\chi}_{0,k|k-1}^* - \gamma\sqrt{R_w}] \tag{6.145}$$

$$\boldsymbol{\mathcal{Y}}_{k|k-1} = h(\boldsymbol{\chi}_{k|k-1}) \tag{6.146}$$

$$\hat{y}_k^- = \sum_{i=0}^{2n} W_i^{\mathrm{mean}} \boldsymbol{\mathcal{Y}}_{i,k|k-1} \tag{6.147}$$

(3) 观测更新方程。

$$P_{y_k y_k} = \sum_{i=0}^{2n} W_i^{\mathrm{cov}} (\boldsymbol{\mathcal{Y}}_{i,k|k-1} - \hat{y}_k^-)(\boldsymbol{\mathcal{Y}}_{i,k|k-1} - \hat{y}_k^-)^{\mathrm{T}} + R_v \tag{6.148}$$

$$P_{x_k y_k} = \sum_{i=0}^{2n} W_i^{\mathrm{cov}} (\boldsymbol{\chi}_{i,k|k-1} - \hat{x}_k^-)(\boldsymbol{\mathcal{Y}}_{i,k|k-1} - \hat{y}_k^-)^{\mathrm{T}} \tag{6.149}$$

$$K_k = P_{x_k y_k} P_{y_k y_k}^{-1} \tag{6.150}$$

$$\hat{\boldsymbol{x}}_k^+ = \hat{\boldsymbol{x}}_k^- + \boldsymbol{K}_k(\tilde{\boldsymbol{y}}_k - \hat{\boldsymbol{y}}_k^-) \tag{6.151}$$

$$\boldsymbol{P}_k^+ = \boldsymbol{P}_k^- - \boldsymbol{K}_k \boldsymbol{P}_{y_k y_k} \boldsymbol{K}_k^{\mathrm{T}} \tag{6.152}$$

以上式中：$\boldsymbol{R}_w$ 和 $\boldsymbol{R}_v$ 分别为过程噪声和观测噪声的方差阵；$\gamma=\sqrt{n+\lambda}$，$\lambda=\alpha^2(n+\kappa)-n$，参数 α 为调节 $\boldsymbol{\chi}$ 点散布范围大小的正系数（$1\times10^{-4}\leqslant\alpha\leqslant1$）；权重系数 $W_0^{\text{mean}}=\lambda/(n+\lambda)$，$W_0^{\text{cov}}=W_0^{\text{mean}}+(1-\alpha^2+\beta)$，$W_i^{\text{cov}}=W_i^{\text{mean}}=1/[2(n+\lambda)]$，$i=1,2,\cdots,2n$。参数 β 被用来增加协方差计算时 $\boldsymbol{\chi}_0$ 的权重，对高斯分布而言，$\beta=2$ 是最优选择。

为了解决协方差阵传递过程中易受舍入误差影响失去正定性这一问题，常常会将UKF与平方根滤波算法进行结合，平方根Unscented滤波算法具有良好的数值特性和中等的计算负担，在工程实践中表现出优良的性质。值得注意的是，平方根滤波并不能从理论上提高Kalman滤波器的工作性能，只是在实践中从计算的角度上保持良好的数值稳定性。随着计算机技术的快速发展，这些方法显得有些过时，但其平方根思想与UKF、CKF等一系列高斯滤波器结合，往往计算上更有优势。

6.4.2 USQUE姿态确定方法

针对航天器姿态确定问题，本节采用UKF进行姿态滤波器设计，该方法可称为USQUE姿态确定方法。正如式(6.143)所示，计算预测四元数均值需要对一系列四元数Sigma点集进行加权平均，而所求的均值却无法保证满足四元数单位范数约束条件。因此，广义罗德里格参数（Generalized Rodrigues Parameters，GRPs）常被用来传播和更新四元数[16-17]。

广义罗德里格参数定义为

$$\delta\boldsymbol{p} \equiv f\frac{\delta\boldsymbol{\varrho}}{a+\delta q_4} \tag{6.153}$$

式中：参数 a 从0到1取值；f 为标量因子。当 $a=0$，$f=1$ 时，式(6.153)退化为罗德里格参数或吉布斯矢量；当 $a=1$，$f=1$ 时，式(6.153)则退化为修正罗德里格参数(MRPs)。这里，选取 $f=2(a+1)$，以便在小角度误差情形下 $\|\delta\boldsymbol{p}\|$ 与旋转误差角大小近似相等。反过来，由 $\delta\boldsymbol{p}$ 向 $\delta\boldsymbol{q}$ 的逆转换可以表示为

$$\delta\boldsymbol{q}_4 = \frac{-a\|\delta\boldsymbol{p}\|^2 + f\sqrt{f^2+(1-a^2)\|\delta\boldsymbol{p}\|^2}}{f^2+\|\delta\boldsymbol{p}\|^2} \tag{6.154}$$

$$\delta\boldsymbol{\varrho} = f^{-1}(a+\delta\boldsymbol{q}_4)\delta\boldsymbol{p} \tag{6.155}$$

定义如下状态变量及其Sigma点：

$$\boldsymbol{\chi}_k(0)=\boldsymbol{x}_k^+=\begin{bmatrix}\delta\hat{\boldsymbol{p}}_k^+\\ \hat{\boldsymbol{\beta}}_k^+\end{bmatrix},\quad \boldsymbol{\chi}_k(i)\equiv\begin{bmatrix}\boldsymbol{\chi}_k^{\delta p}(i)\\ \boldsymbol{\chi}_k^{\beta}(i)\end{bmatrix},\quad i=0,1,\cdots,12 \tag{6.156}$$

式中：$\boldsymbol{\chi}_k^{\delta p}$ 为姿态误差部分；$\boldsymbol{\chi}_k^{\beta}$ 为陀螺漂移部分。为了传播 Sigma 点$\boldsymbol{\chi}_k^{\delta p}$，需要先定义四元数 Sigma 点，具体如下：

$$\hat{\boldsymbol{q}}_k^+(0)=\hat{\boldsymbol{q}}_k^+ \tag{6.157}$$

$$\hat{\boldsymbol{q}}_k^+(i)=\delta\boldsymbol{q}_k^+(i)\otimes\hat{\boldsymbol{q}}_k^+,\quad i=1,2,\cdots,12 \tag{6.158}$$

式中：$\delta\boldsymbol{q}_k^+(i)\equiv[\delta\boldsymbol{\varrho}_k^{+\mathrm{T}}(i)\quad \delta q_{4_k}^+(i)]^{\mathrm{T}}$ 可以表示成

$$\delta q_{4_k}^+(i)=\frac{-a\|\boldsymbol{\chi}_k^{\delta p}(i)\|^2+f\sqrt{f^2+(1-a^2)\|\boldsymbol{\chi}_k^{\delta p}(i)\|^2}}{f^2+\|\boldsymbol{\chi}_k^{\delta p}(i)\|^2},\quad i=1,2,\cdots,12 \tag{6.159}$$

$$\delta\boldsymbol{\varrho}_k^+(i)=f^{-1}[a+\delta q_{4_k}^+(i)]\boldsymbol{\chi}_k^{\delta p}(i),\quad i=1,2,\cdots,12 \tag{6.160}$$

显然，根据式(6.157)可知$\boldsymbol{\chi}_k^{\delta p}(i)$为零，这是由于每次滤波更新后姿态误差重置为零。

接下来，四元数 Sigma 点可以进行如下传播：

$$\hat{\boldsymbol{q}}_{k+1}^-(i)=\bar{\boldsymbol{\Omega}}(\hat{\boldsymbol{\omega}}_k^+(i))\hat{\boldsymbol{q}}_k^+(i),\quad i=0,1,\cdots,12 \tag{6.161}$$

式中：

$$\hat{\boldsymbol{\omega}}_k^+(i)=\tilde{\boldsymbol{\omega}}_k-\boldsymbol{\chi}_k^{\beta}(i),\quad i=0,1,\cdots,12 \tag{6.162}$$

进一步，可得传播的误差四元数 Sigma 点：

$$\delta\boldsymbol{q}_{k+1}^-(i)=\hat{\boldsymbol{q}}_{k+1}^-(i)\otimes[\hat{\boldsymbol{q}}_{k+1}^-(0)]^{-1},\quad i=0,1,\cdots,12 \tag{6.163}$$

注意到 $\delta\boldsymbol{q}_{k+1}^-(0)$为单位四元数。于是，传播的 Sigma 点计算如下：

$$\begin{aligned}&\boldsymbol{\chi}_{k+1}^{\delta p}(0)=\boldsymbol{0}\\ &\boldsymbol{\chi}_{k+1}^{\delta p}(i)=f\frac{\delta\boldsymbol{\varrho}_{k+1}^-(i)}{a+\delta q_{4_{k+1}}^-(i)},\quad i=1,2,\cdots,12\end{aligned} \tag{6.164}$$

式中：$[\delta\boldsymbol{\varrho}_{k+1}^{-\mathrm{T}}(i)\quad \delta q_{4_{k+1}}^-(i)]^{\mathrm{T}}=\delta\boldsymbol{q}_{k+1}^-(i)$。

由于陀螺漂移斜率噪声是零均值高斯白噪声，所以有

$$\boldsymbol{\chi}_{k+1}^{\beta}(i)=\boldsymbol{\chi}_k^{\beta}(i),\quad i=0,1,\cdots,12 \tag{6.165}$$

此外，传播的四元数 Sigma 点被用来计算观测预测值 Sigma 点，即

$$\boldsymbol{z}_{k+1}(i)=\begin{bmatrix}\boldsymbol{A}(\hat{\boldsymbol{q}}_{k+1}^-(i))\boldsymbol{r}_1\\ \boldsymbol{A}(\hat{\boldsymbol{q}}_{k+1}^-(i))\boldsymbol{r}_2\\ \vdots\\ \boldsymbol{A}(\hat{\boldsymbol{q}}_{k+1}^-(i))\boldsymbol{r}_N\end{bmatrix},\quad i=0,1,\cdots,12 \tag{6.166}$$

于是，可利用 UKF 公式计算观测预测值、新息方差以及协方差矩阵。进一步，状态变量和方差矩阵可由式(6.151)和式(6.152)进行更新，更新的状态变量为$\hat{\boldsymbol{x}}_{k+1}^{+} \equiv [\delta\hat{\boldsymbol{p}}_{k+1}^{+\mathrm{T}} \quad \hat{\boldsymbol{\beta}}_{k+1}^{+\mathrm{T}}]^{\mathrm{T}}$。然后，利用式(6.154)和式(6.155)将 $\delta\hat{\boldsymbol{p}}_{k+1}^{+}$ 转换为 $\delta\boldsymbol{q}_{k+1}^{+}$ 用以计算更新的四元数：

$$\hat{\boldsymbol{q}}_{k+1}^{+} = \delta\boldsymbol{q}_{k+1}^{+} \otimes \hat{\boldsymbol{q}}_{k+1}^{-}(0) \tag{6.167}$$

值得注意的是，在下一次传播前需将 $\delta\hat{\boldsymbol{p}}_{k+1}^{+}$ 重置为零。

6.5　带约束的四元数范数滤波器

6.5.1　带范数约束的卡尔曼滤波器

考虑如下线性测量模型：

$$\boldsymbol{y}_k = \boldsymbol{H}_k \boldsymbol{x}_k + \boldsymbol{\eta}_k \tag{6.168}$$

式中：$\boldsymbol{x}_k$ 为状态变量；$\boldsymbol{y}_k$ 为观测量；$\boldsymbol{\eta}_k$ 为测量噪声，假设为零均值高斯白噪声。定义 t_k 时刻观测更新前后状态估值分别为$\hat{\boldsymbol{x}}_k^-$ 和$\hat{\boldsymbol{x}}_k^+$，则先验和后验估计误差分别定义为

$$\boldsymbol{e}_k^- = \boldsymbol{x}_k - \hat{\boldsymbol{x}}_k^-, \qquad \boldsymbol{e}_k^+ = \boldsymbol{x}_k - \hat{\boldsymbol{x}}_k^+ \tag{6.169}$$

定义性能指标为

$$\mathcal{J}_k = \mathrm{E}\{(\boldsymbol{e}_k^+)^{\mathrm{T}} \boldsymbol{e}_k^+\} \tag{6.170}$$

这是均方误差意义下的最优估计器。结合估计误差定义，可定义观测更新前后的估计误差方差阵

$$\boldsymbol{P}_k^- = \mathrm{E}\{\boldsymbol{e}_k^- (\boldsymbol{e}_k^-)^{\mathrm{T}}\}, \qquad \boldsymbol{P}_k^+ = \mathrm{E}\{\boldsymbol{e}_k^+ (\boldsymbol{e}_k^+)^{\mathrm{T}}\} \tag{6.171}$$

状态变量的范数约束可以表征为

$$\|\hat{\boldsymbol{x}}_k^+\| = \sqrt{l} \tag{6.172}$$

对于四元数估计问题，这里 $l=1$。该约束条件等价于

$$(\hat{\boldsymbol{x}}_k^+)^{\mathrm{T}} \hat{\boldsymbol{x}}_k^+ = l \tag{6.173}$$

注意到性能指标也可以表示为

$$\mathcal{J}_k = \mathrm{tr}\, \boldsymbol{P}_k^+ \tag{6.174}$$

测量更新方程为

$$\hat{\boldsymbol{x}}_k^+ = \hat{\boldsymbol{x}}_k^- + \boldsymbol{K}_k \boldsymbol{\epsilon}_k \tag{6.175}$$

其中，$\boldsymbol{\epsilon}_k = \boldsymbol{y}_k - \hat{\boldsymbol{y}}_k$ 为测量残差。观测量预测估值为

$$\hat{\boldsymbol{y}}_k = \boldsymbol{H}_k \hat{\boldsymbol{x}}_k \tag{6.176}$$

将测量残差代入式(6.173)，状态约束可以等效表述为如下控制约束[18]：

$$\boldsymbol{\epsilon}_k^{\mathrm{T}}\boldsymbol{K}_k^{\mathrm{T}}\boldsymbol{K}_k\boldsymbol{\epsilon}_k+2(\hat{\boldsymbol{x}}_k^-)^{\mathrm{T}}\boldsymbol{K}_k\boldsymbol{\epsilon}_k+(\hat{\boldsymbol{x}}_k^-)^{\mathrm{T}}\hat{\boldsymbol{x}}_k^--l=0 \tag{6.177}$$

我们的目标就是寻找最优增益 $\boldsymbol{K}_k$ 使得式(6.170)中的性能指标最小，并且满足式(6.177)中的约束条件。

根据 Joseph 公式，可得后验均方差为

$$\boldsymbol{P}_k^+=(\boldsymbol{I}-\boldsymbol{K}_k\boldsymbol{H}_k)\boldsymbol{P}_k^-(\boldsymbol{I}-\boldsymbol{K}_k\boldsymbol{H}_k)^{\mathrm{T}}+\boldsymbol{K}_k\boldsymbol{R}_k\boldsymbol{K}_k^{\mathrm{T}} \tag{6.178}$$

其中，$\boldsymbol{P}_k^-$ 为先验状态均方差，$\boldsymbol{R}_k$ 为测量噪声方差阵。定义

$$\boldsymbol{W}_k\triangleq\boldsymbol{H}_k\boldsymbol{P}_k^-\boldsymbol{H}_k^{\mathrm{T}}+\boldsymbol{R}_k \tag{6.179}$$

则可进一步将 Joseph 公式改写为

$$\boldsymbol{P}_k^+=\boldsymbol{P}_k^--\boldsymbol{K}_k\boldsymbol{H}_k\boldsymbol{P}_k^--\boldsymbol{P}_k^-\boldsymbol{H}_k^{\mathrm{T}}\boldsymbol{K}_k^{\mathrm{T}}+\boldsymbol{K}_k\boldsymbol{W}_k\boldsymbol{K}_k^{\mathrm{T}} \tag{6.180}$$

因此，最小化的性能指标可表示为

$$\mathcal{J}_k=\mathrm{tr}[\boldsymbol{P}_k^--\boldsymbol{K}_k\boldsymbol{H}_k\boldsymbol{P}_k^--\boldsymbol{P}_k^-\boldsymbol{H}_k^{\mathrm{T}}\boldsymbol{K}_k^{\mathrm{T}}+\boldsymbol{K}_k\boldsymbol{W}_k\boldsymbol{K}_k^{\mathrm{T}}] \tag{6.181}$$

其中，$\boldsymbol{P}_k^-\in\mathbb{R}^{n\times n}$，$\boldsymbol{K}_k\in\mathbb{R}^{n\times m}$ 和 $l\in\mathbb{R}$，其余的矩阵和矢量都具有相对应的维数。结合等式约束条件，可将性能指标改写为

$$\mathcal{J}_k=\mathrm{tr}[\boldsymbol{P}_k^--\boldsymbol{K}_k\boldsymbol{H}_k\boldsymbol{P}_k^--\boldsymbol{P}_k^-\boldsymbol{H}_k^{\mathrm{T}}\boldsymbol{K}_k^{\mathrm{T}}+\boldsymbol{K}_k\boldsymbol{W}_k\boldsymbol{K}_k^{\mathrm{T}}]+\lambda_k[\boldsymbol{\epsilon}_k^{\mathrm{T}}\boldsymbol{K}_k^{\mathrm{T}}\boldsymbol{K}_k\boldsymbol{\epsilon}_k+2(\hat{\boldsymbol{x}}_k^-)^{\mathrm{T}}\boldsymbol{K}_k\boldsymbol{\epsilon}_k+(\hat{\boldsymbol{x}}_k^-)^{\mathrm{T}}\hat{\boldsymbol{x}}_k^--l] \tag{6.182}$$

将 $\mathcal{J}_k$ 对 $\boldsymbol{K}_k$ 进行求导，并令其为零，可求得

$$-2\boldsymbol{P}_k^-\boldsymbol{H}_k^{\mathrm{T}}+2\boldsymbol{K}_k\boldsymbol{W}_k+2\lambda_k(\hat{\boldsymbol{x}}_k^-\boldsymbol{\epsilon}_k^{\mathrm{T}}+\boldsymbol{K}_k\boldsymbol{\epsilon}_k\boldsymbol{\epsilon}_k^{\mathrm{T}})=0 \tag{6.183}$$

经过一系列数学变换，可求得最优拉格朗日乘子为

$$\lambda_k=\frac{-1}{\tilde{\boldsymbol{\epsilon}}_k}+\frac{\|\hat{\boldsymbol{x}}_k^-+\boldsymbol{P}_k^-\boldsymbol{H}_k^{\mathrm{T}}\boldsymbol{W}_k^{-1}\boldsymbol{\epsilon}_k\|}{\tilde{\boldsymbol{\epsilon}}_k\sqrt{l}} \tag{6.184}$$

其中

$$\tilde{\boldsymbol{\epsilon}}_k=\boldsymbol{\epsilon}_k^{\mathrm{T}}\boldsymbol{W}_k^{-1}\boldsymbol{\epsilon}_k$$

根据前面的推导可知，最优增益选取为

$$\boldsymbol{K}_k^*=(\boldsymbol{P}_k^-\boldsymbol{H}_k^{\mathrm{T}}-\lambda_k\hat{\boldsymbol{x}}_k^-\boldsymbol{\epsilon}_k^{\mathrm{T}})(\boldsymbol{W}_k+\lambda_k\boldsymbol{\epsilon}_k\boldsymbol{\epsilon}_k^{\mathrm{T}})^{-1} \tag{6.185}$$

可使得性能指标最小且满足状态变量范数约束条件。这里上标“ * ”用于区别无约束条件下的卡尔曼滤波增益

$$\boldsymbol{K}_k=\boldsymbol{P}_k^-\boldsymbol{H}_k^{\mathrm{T}}\boldsymbol{W}_k^{-1} \tag{6.186}$$

对于无约束情形，后验估计值为

$$\hat{\boldsymbol{x}}_k^+=\hat{\boldsymbol{x}}_k^-+\boldsymbol{K}_k\boldsymbol{\epsilon}_k \tag{6.187}$$

联立式(6.185)~式(6.187)，带范数约束的滤波增益 $\boldsymbol{K}_k^*$ 可以改写为

$$\boldsymbol{K}_k^*=\boldsymbol{K}_k+\left(\frac{\sqrt{l}}{\|\hat{\boldsymbol{x}}_k^+\|}-1\right)\hat{\boldsymbol{x}}_k^+\frac{\boldsymbol{\epsilon}_k^{\mathrm{T}}\boldsymbol{W}_k^{-1}}{\tilde{\boldsymbol{\epsilon}}_k} \tag{6.188}$$

进一步，可得范数约束情形下的最优估值为

$$\begin{aligned}\hat{\boldsymbol{x}}_k^* &= \hat{\boldsymbol{x}}_k^- + \boldsymbol{K}_k^* \boldsymbol{\epsilon}_k \\ &= \hat{\boldsymbol{x}}_k^- + \boldsymbol{K}_k \boldsymbol{\epsilon}_k + \left(\frac{\sqrt{l}}{\|\hat{\boldsymbol{x}}_k^+\|} - 1\right) \hat{\boldsymbol{x}}_k^+ \frac{\boldsymbol{\epsilon}_k^{\mathrm{T}} \boldsymbol{W}_k^{-1}}{\tilde{\boldsymbol{\epsilon}}_k} \boldsymbol{\epsilon}_k \\ &= \frac{\sqrt{l}}{\|\hat{\boldsymbol{x}}_k^+\|} \hat{\boldsymbol{x}}_k^+\end{aligned} \tag{6.189}$$

显然，$\hat{\boldsymbol{x}}_k^*$ 与$\hat{\boldsymbol{x}}_k^+$ 具有相同的方向，其值等同于将更新后的状态量归一化得到。这里从数学上严格证明了该解不仅是代数几何意义上的最优而且也是均方误差意义上的最优。

于是，后验估计误差为

$$\boldsymbol{e}_k^* = (\boldsymbol{I} - \boldsymbol{K}_k^* \boldsymbol{H}_k) e_k^- + \boldsymbol{K}_k^* \boldsymbol{\eta}_k \tag{6.190}$$

进一步可得估计误差方差阵为

$$\boldsymbol{P}_k^* = (\boldsymbol{I} - \boldsymbol{K}_k^* \boldsymbol{H}_k) \boldsymbol{P}_k^- (\boldsymbol{I} - \boldsymbol{K}_k^* \boldsymbol{H}_k)^{\mathrm{T}} + \boldsymbol{K}_k^* \boldsymbol{R}_k (\boldsymbol{K}_k^*)^{\mathrm{T}} \tag{6.191}$$

将 $\boldsymbol{K}_k^*$ 代入可得

$$\boldsymbol{P}_k^* = \boldsymbol{P}_k^+ + \frac{1}{\tilde{\boldsymbol{\epsilon}}_k} \left(1 - \frac{\sqrt{l}}{\|\hat{\boldsymbol{x}}_k^+\|}\right)^2 \hat{\boldsymbol{x}}_k^+ (\hat{\boldsymbol{x}}_k^+)^{\mathrm{T}} \tag{6.192}$$

本节从数学上严格推导了带范数约束的卡尔曼滤波器状态量和估计误差方差阵的后验估值。

6.5.2　带四元数范数约束的姿态滤波器设计

6.5.2.1　姿态运动学方程及陀螺测量模型

姿态四元数运动学方程及陀螺测量模型见 6.3.1 节。

6.5.2.2　姿态滤波器设计

1. 系统状态方程及其线性化

定义误差四元数为

$$\delta \boldsymbol{q} = \boldsymbol{q} \otimes \hat{\boldsymbol{q}}^{-1} \tag{6.193}$$

经过推导，选取误差状态变量 $\Delta \boldsymbol{x} \equiv [\delta \boldsymbol{q}^{\mathrm{T}} \quad \Delta \boldsymbol{\beta}^{\mathrm{T}}]^{\mathrm{T}}$，则可得误差状态方程

$$\Delta \dot{\boldsymbol{x}} = \boldsymbol{F} \Delta \boldsymbol{x} + \boldsymbol{G} \boldsymbol{w} \tag{6.194}$$

其中

$$\boldsymbol{F} = \begin{bmatrix} -[\hat{\boldsymbol{\omega}} \times] & \boldsymbol{0}_{3\times1} & -\frac{1}{2}\boldsymbol{I}_{3\times3} \\ \boldsymbol{0}_{1\times3} & 0 & \boldsymbol{0}_{1\times3} \\ \boldsymbol{0}_{3\times3} & \boldsymbol{0}_{3\times1} & \boldsymbol{0}_{3\times3} \end{bmatrix} \tag{6.195}$$

$$\boldsymbol{G}=\begin{bmatrix} -\frac{1}{2}\boldsymbol{I}_{3\times3} & \boldsymbol{0}_{3\times1} & \boldsymbol{0}_{3\times3} \\ \boldsymbol{0}_{1\times3} & 1 & \boldsymbol{0}_{1\times3} \\ \boldsymbol{0}_{3\times3} & \boldsymbol{0}_{3\times1} & \boldsymbol{I}_{3\times3} \end{bmatrix} \tag{6.196}$$

$$\boldsymbol{w}\equiv[\boldsymbol{\eta}_{dv}^{\mathrm{T}} \quad \boldsymbol{\eta}_{q_4} \quad \boldsymbol{\eta}_{du}^{\mathrm{T}}]^{\mathrm{T}} \tag{6.197}$$

式中：$\hat{\boldsymbol{\omega}}=\tilde{\boldsymbol{\omega}}-\hat{\boldsymbol{\beta}}$ 为角速度估计值；$\Delta\boldsymbol{\beta}=\boldsymbol{\beta}-\hat{\boldsymbol{\beta}}$；过程噪声 $\boldsymbol{w}$ 的谱密度矩阵为

$$\boldsymbol{Q}=\begin{bmatrix} \sigma_v^2\boldsymbol{I}_{3\times3} & \boldsymbol{0}_{3\times1} & \boldsymbol{0}_{3\times3} \\ \boldsymbol{0}_{1\times3} & \sigma_{q_4}^2 & \boldsymbol{0}_{1\times3} \\ \boldsymbol{0}_{3\times3} & \boldsymbol{0}_{3\times1} & \sigma_u^2\boldsymbol{I}_{3\times3} \end{bmatrix} \tag{6.198}$$

2. 观测方程及其线性化

对于星敏感器这类视线敏感器，其测量值可以被重构为单位矢量形式，第 i 个星光观测矢量可写为

$$\tilde{\boldsymbol{b}}_i=\boldsymbol{A}(\boldsymbol{q})\boldsymbol{r}_i+\boldsymbol{v}_i, \quad \boldsymbol{v}_i^{\mathrm{T}}\boldsymbol{A}\boldsymbol{r}_i=0 \tag{6.199}$$

式中：$\tilde{\boldsymbol{b}}_i$ 为敏感器体系中观测矢量；$\boldsymbol{r}_i$ 为惯性矢量；$\boldsymbol{v}_i$ 为敏感器测量噪声。

经推导，测量灵敏度矩阵为

$$\boldsymbol{H}=2[[\hat{\boldsymbol{b}}_{1:N}^{-}\times] \quad \hat{\boldsymbol{b}}_{1:N}^{-} \quad \boldsymbol{0}_{3N\times3}] \tag{6.200}$$

式中：N 为总观测量个数；$\hat{\boldsymbol{b}}^{-}=\boldsymbol{A}(\hat{\boldsymbol{q}}^{-})\boldsymbol{r}$。

表 6.2 概括了带四元数范数约束的卡尔曼滤波器(Quaternion Constrained Kalman Filter，QCKF)，其中，矩阵 $\boldsymbol{P}$ 为误差状态方差阵，$\tilde{\boldsymbol{z}}=[\tilde{\boldsymbol{b}}_1^{\mathrm{T}}\tilde{\boldsymbol{b}}_2^{\mathrm{T}}\cdots\tilde{\boldsymbol{b}}_N^{T}]^{\mathrm{T}}$ 为星敏感器观测矢量。

表 6.2 基于 QCKF 的航天器姿态确定算法

初始化	$\hat{\boldsymbol{q}}(t_0)=\boldsymbol{q}_0$, $\hat{\boldsymbol{\beta}}(t_0)=\boldsymbol{\beta}_0$, $\boldsymbol{P}(t_0)=\boldsymbol{P}_0$
增益	$\boldsymbol{K}_k=\begin{bmatrix}\boldsymbol{K}_k^{\delta q}\\ \boldsymbol{K}_k^{\delta\boldsymbol{\beta}}\end{bmatrix}$ $\boldsymbol{K}_k^{\delta q}=(\boldsymbol{P}_{qx}^{-}\boldsymbol{H}_k^{\mathrm{T}}-\lambda_k\delta\boldsymbol{q}_k^{-}\boldsymbol{\epsilon}_k^{\mathrm{T}})(\boldsymbol{W}_k+\lambda_k\boldsymbol{\epsilon}_k\boldsymbol{\epsilon}_k^{\mathrm{T}})^{-1}$ $\boldsymbol{K}_k^{\delta\boldsymbol{\beta}}=\boldsymbol{P}_{\beta x}^{-}\boldsymbol{H}_k^{\mathrm{T}}\boldsymbol{W}_k$ $\boldsymbol{W}_k\triangleq\boldsymbol{H}_k\boldsymbol{P}_k^{-}\boldsymbol{H}_k^{\mathrm{T}}+\boldsymbol{R}_k$ $\boldsymbol{H}_k=2[[\hat{\boldsymbol{b}}_{1:N}^{-}\times] \quad \hat{\boldsymbol{b}}_{1:N}^{-} \quad \boldsymbol{0}_{3N\times3}]$

续表

更新	$\boldsymbol{P}_k^+=[\boldsymbol{I}-\boldsymbol{K}_k\boldsymbol{H}_k(\hat{\boldsymbol{x}}_k^-)]\boldsymbol{P}_k^-[\boldsymbol{I}-\boldsymbol{K}_k\boldsymbol{H}_k(\hat{\boldsymbol{x}}_k^-)]^{\mathrm{T}}+\boldsymbol{K}_k\boldsymbol{R}_k\boldsymbol{K}_k^{\mathrm{T}}$ $\Delta x_k^+=\Delta\boldsymbol{x}_k^-+\boldsymbol{K}_k[\tilde{\boldsymbol{z}}_k-\boldsymbol{h}(\hat{\boldsymbol{x}}_k^-)]$ $\Delta\hat{x}_k^+\equiv[\delta\hat{\boldsymbol{q}}_k^{+\mathrm{T}}\quad\Delta\hat{\boldsymbol{\beta}}_k^{+\mathrm{T}}]^{\mathrm{T}},\quad \Delta x_k^-=[0\ 0\ 0\ 1\ 0\ 0\ 0]^{\mathrm{T}}$ $\boldsymbol{h}_k(\hat{\boldsymbol{x}}_k^-)=\left.\begin{bmatrix}\boldsymbol{A}(\hat{\boldsymbol{q}}^-)\hat{\boldsymbol{r}}_1^-\\ \boldsymbol{A}(\hat{\boldsymbol{q}}^-)\hat{\boldsymbol{r}}_2^-\\ \vdots\\ \boldsymbol{A}(\hat{\boldsymbol{q}}^-)\hat{\boldsymbol{r}}_N^-\end{bmatrix}\right\|_{t_k}$ $\hat{\boldsymbol{q}}_k^+=\delta\hat{\boldsymbol{q}}_k^+\otimes\hat{\boldsymbol{q}}_k^-$ $\hat{\boldsymbol{\beta}}_k^+=\hat{\boldsymbol{\beta}}_k^-+\Delta\hat{\boldsymbol{\beta}}_k^+$
传播	$\hat{\boldsymbol{\omega}}(t)=\tilde{\boldsymbol{\omega}}(t)-\hat{\boldsymbol{\beta}}(t)$ $\dot{\hat{q}}(t)=\frac{1}{2}\boldsymbol{\Xi}(\hat{\boldsymbol{q}}(t))\hat{\boldsymbol{\omega}}(t)$ $\dot{\boldsymbol{P}}(t)=\boldsymbol{F}(\hat{\boldsymbol{x}}(t),t)\boldsymbol{P}(t)+\boldsymbol{P}(t)\boldsymbol{F}^{\mathrm{T}}(\hat{\boldsymbol{x}}(t),t)+\boldsymbol{G}(t)\boldsymbol{Q}(t)\boldsymbol{G}^{\mathrm{T}}$

6.5.3 仿真验证

6.5.3.1 仿真算例 1

仿真条件：陀螺仪常值漂移为 5°/h，角度随机游走 $\sigma_v=5\times10^{-5}\mathrm{rad/s}^{1/2}$，漂移斜率随机游走 $\sigma_u=1\times10^{-10}\mathrm{rad/s}^{3/2}$，输出频率为 100Hz；星敏感器测量噪声标准差 $\sigma_s=10''$，输出频率为 1Hz，观测的星光矢量为$[1\ 0\ 0]^{\mathrm{T}}$，$[0.6\ 0.8\ 0]^{\mathrm{T}}$，$[0\ 0.8\ 0.6]^{\mathrm{T}}$；航天器的惯性姿态角速度为 $\boldsymbol{\omega}=[0\ 0.0011\ -0.0011]^{\mathrm{T}}\mathrm{rad/s}$，航天器相对于惯性系的姿态角定义采用“321”转序，偏航角、俯仰角、滚动角初始偏差分别为 5°、−10°、10°。陀螺常值漂移的初始估值 $\hat{\boldsymbol{\beta}}(0)=[0\ 0\ 0]^{\mathrm{T}}$，滤波变量初值 $\Delta\hat{\boldsymbol{x}}(0)=[0\ 0\ 0\ 1\ 0\ 0\ 0]^{\mathrm{T}}$，仿真时间 100min。

图 6.1 和图 6.2 分别为姿态角估计误差和姿态误差范数曲线图。可以看出，带四元数范数约束的姿态滤波算法可以较好地估计航天器姿态，三轴姿态角估计精度为 0.003°(3σ)。

6.5.3.2 仿真算例 2

仿真参数设置与 6.5.3.1 节基本保持一致，将俯仰角、偏航角、滚动角初始偏差分别增大至 −20°，30°，50° 和 50°，−50°，150°，将本章中提出的 QCKF 与文献[19]中的 MEKF 和文献[17]中的 USQUE 方法进行对比，蒙特卡洛仿真 10 次。图 6.3 和图 6.4 分别为中等初始姿态误差和大初始姿态误差两种情形下不同滤波算法精度对比曲线图。

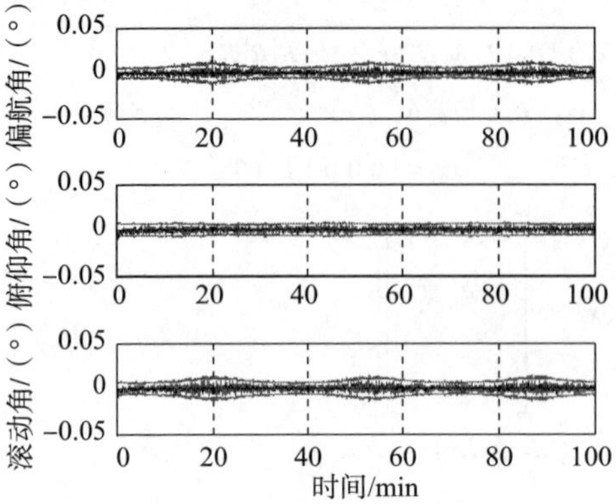

图 6.1　姿态角估计误差和 3σ 边界

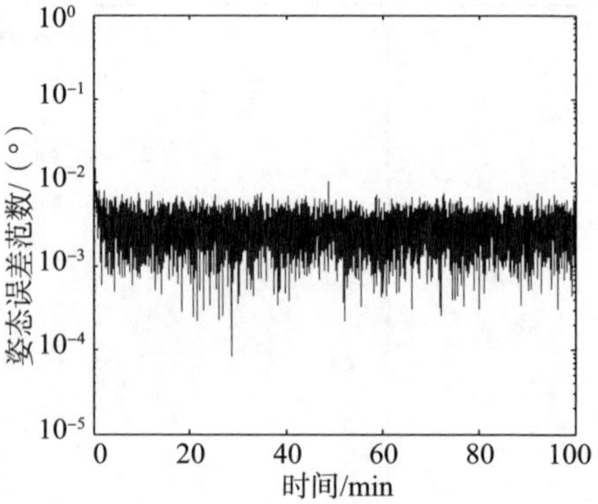

图 6.2　姿态误差范数

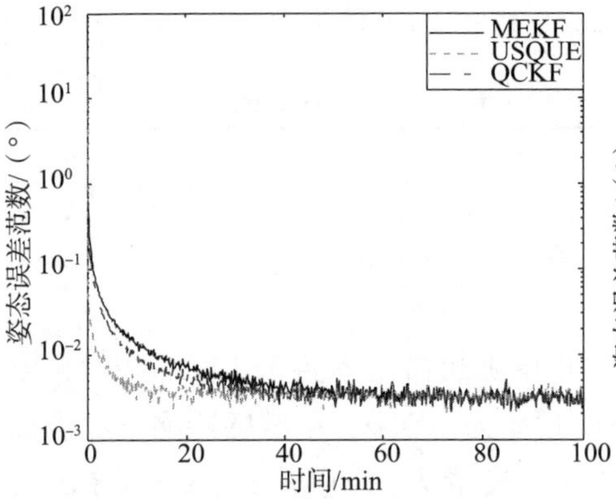

图 6.3　不同滤波算法的姿态误差范数(中等初始姿态误差)

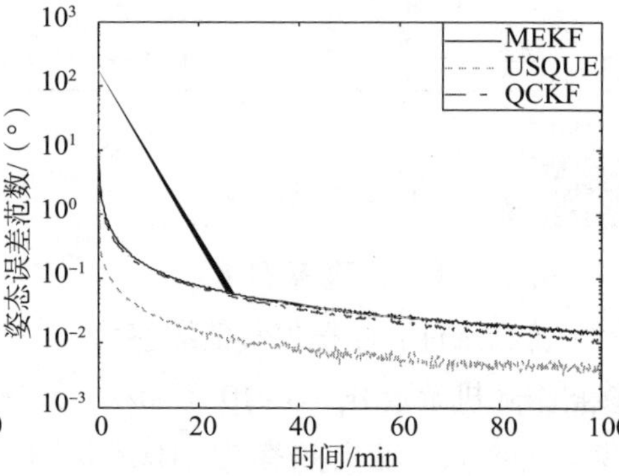

图 6.4　不同滤波算法的姿态误差范数(大初始姿态误差)

分析可知，针对中等初始姿态误差情形，本节提出的 QCKF 算法比传统的 MEKF 算法收敛性更快，但次于 USQUE 算法，三者最终姿态确定精度相当；针对大初始姿态误差情形，QCKF 算法虽然比 MEKF 算法估计精度更优，但滤波依然发散，此时应优先选择 USQUE 算法。

6.6　连续系统离散化的一般公式

目前，在时间域中对系统状态方程离散化的方法主要有人工手写推导和利用软件包如 Matlab 或 Mathmatica 等中的符号计算两种推导方式，但在实际使用中这些方法还存在诸多不足：① 都做了近似处理，存在一定的方法误差；② 公式推导的复杂性随着状态变量维数的增高呈指数上升，且对于不同的模型需要重新推导，不具有可重复利用性；③ 利用软件符号推导往往因得不到其简化的表达式故不利于后续计算机上的实现。针对上述问题，本节运用矩阵论中的二次型原理从理论上推导了连续系统离散化的一般公式，以利于计算机程序的结构化设计，并用数值仿真验证了模型的可行性和有效性。

6.6.1 问题描述

按照近代控制理论中的状态空间的观点，系统“状态”可由状态变量描述，往往通过微分方程组的形式描述其数学模型，不失一般性，本节将连续系统（非线性系统先将其线性化）状态方程描述成以下形式：

$$\dot{\boldsymbol{X}}(t)=\boldsymbol{F}(t)\boldsymbol{X}(t)+\boldsymbol{B}(t)\boldsymbol{U}(t)+\boldsymbol{G}(t)\boldsymbol{W}(t) \tag{6.201}$$

式中：$\boldsymbol{X}(t)\in\mathbb{R}^n$ 为 t 时刻状态矢量；$\dot{\boldsymbol{X}}(t)$ 为 $\boldsymbol{X}(t)$ 对时间 t 的导数；$\boldsymbol{U}(t)\in\mathbb{R}^s$ 为输入矢量；$\boldsymbol{F}(t)\in\mathbb{R}^{n\times n}$ 为状态微分方程的系数矩阵；$\boldsymbol{B}(t)\in\mathbb{R}^{n\times s}$ 为输入控制矩阵；$\boldsymbol{G}(t)\in\mathbb{R}^{n\times t}$ 为过程噪声分布矩阵；$\boldsymbol{W}(t)\in\mathbb{R}^t$ 为过程噪声矢量，且 $\mathrm{E}\{\boldsymbol{W}(t)\}=0$，$\mathrm{E}\{\boldsymbol{W}(t)\boldsymbol{W}^{\mathrm{T}}(\tau)\}=\boldsymbol{Q}_w(t)\delta(t-\tau)$。这里，$\boldsymbol{Q}_w(t)$ 为过程噪声在 t 时刻的自相关函数，$\delta(t-\tau)$ 为 Dirichlet 函数。

利用微积分知识求解方程（6.201）可得[20]

$$\boldsymbol{X}(t)=\boldsymbol{\Phi}(t,\ t_0)\boldsymbol{X}(t_0)+\int_{t_0}^{t}\boldsymbol{\Phi}(t,\ \tau)\boldsymbol{B}(\tau)\boldsymbol{U}(\tau)\mathrm{d}\tau+\int_{t_0}^{t}\boldsymbol{\Phi}(t,\ \tau)\boldsymbol{G}(\tau)\boldsymbol{W}(\tau)\mathrm{d}\tau \tag{6.202}$$

其中，$\boldsymbol{\Phi}(t,\ t_0)$ 满足下列微分方程：

$$\begin{cases}\dfrac{\mathrm{d}\boldsymbol{\Phi}(t,\ t_0)}{\mathrm{d}t}=\boldsymbol{F}(t)\boldsymbol{\Phi}(t,\ t_0)\\ \boldsymbol{\Phi}(t,\ t_0)\big|_{t=t_0}=\boldsymbol{I}\end{cases} \tag{6.203}$$

对式（6.202）进行离散化，记 $t=t_{k+1}$，$t_0=t_k$，当 $\Delta t_k=t_{k+1}-t_k$ 取得甚小时，可认为 $\boldsymbol{U}(t)$ 和 $\boldsymbol{W}(t)$ 保持常值，这样，上式可写成如下近似形式：

$$\boldsymbol{X}(t_{k+1})=\boldsymbol{\Phi}(t_{k+1},\ t_k)\boldsymbol{X}(t_k)+\boldsymbol{\Gamma}(t_{k+1},\ t_k)\boldsymbol{U}(t_k)+\boldsymbol{Y}(t_{k+1},\ t_k)\boldsymbol{W}(t_k) \tag{6.204}$$

式中：

$$\boldsymbol{\Phi}(t_{k+1},\ t_k)=\boldsymbol{I}+\boldsymbol{F}(t_k)\Delta t_k+\frac{1}{2!}\boldsymbol{F}^2(t_k)\Delta t_k^2+\cdots \tag{6.205}$$

$$\boldsymbol{\Gamma}(t_{k+1},\ t_k)=\int_{t_k}^{t_{k+1}}\boldsymbol{\Phi}(t_{k+1},\ \tau)\boldsymbol{B}(\tau)\mathrm{d}\tau \tag{6.206}$$

$$\boldsymbol{Y}(t_{k+1},\ t_k)=\int_{t_k}^{t_{k+1}}\boldsymbol{\Phi}(t_{k+1},\ \tau)\boldsymbol{G}(\tau)\mathrm{d}\tau \tag{6.207}$$

为方便记，用下标 k 表示时刻 t_k，于是式(6.204)可改写为

$$\boldsymbol{X}_{k+1}=\boldsymbol{\Phi}_{k+1,k}\boldsymbol{X}_k+\boldsymbol{\Gamma}_{k+1,k}\boldsymbol{U}_k+\boldsymbol{Y}_{k+1,k}\boldsymbol{W}_k \tag{6.208}$$

在实际计算 $\boldsymbol{\Phi}_{k+1,k}$ 过程中，往往会遇到取近似项问题，对于复杂的模型通常只取到 Δt 的二阶项，即使这样，在后续推导离散形式下的 $\boldsymbol{\Gamma}_{k+1,k}$，$\boldsymbol{Y}_{k+1,k}$，$\boldsymbol{Q}_k$ 等量也相当复杂，其中 $\boldsymbol{Q}_k=\boldsymbol{Y}_{k+1,k}\boldsymbol{Q}_w(t_k)\boldsymbol{Y}_{k+1,k}^{\mathrm{T}}$ 为过程噪声协方差阵。目前，上述离散过程主要是通过手写积分推导，或者是利用软件包如 Matlab 或 Mathematica 等中的符号计算进行推导，不仅计算复杂而且不具有可重复利用性。下面引入矩阵论中的二次型原理，从理论上推导上述离散量的一般形式，且有利于计算机上的编程实现。

6.6.2 离散化公式推导

6.6.2.1 描述状态转移阵

由式(6.204)可知，状态转移阵 $\boldsymbol{\Phi}(t)$ 采用何种计算形式直接影响到整个状态方程的离散化形式。这里，将状态转移阵 $\boldsymbol{\Phi}(t)$ 展开为矩阵形式的泰勒级数，取到 Δt 的 $N-1$ 次项，可得

$$\boldsymbol{\Phi}(t)=\boldsymbol{I}+\boldsymbol{F}(t)\Delta t+\frac{1}{2!}\boldsymbol{F}^2(t)\Delta t^2+\cdots+\frac{1}{(N-1)!}\boldsymbol{F}^{N-1}(t)^{N-1}\Delta t^{N-1}+O(\Delta t^N) \tag{6.209}$$

将上式进一步改写成如下矩阵形式：

$$\boldsymbol{\Phi}(t)=\begin{bmatrix}\boldsymbol{I}_{n\times n} & \Delta t\cdot\boldsymbol{I}_{n\times n} & \frac{1}{2!}\Delta t^2\cdot\boldsymbol{I}_{n\times n} & \cdots & \frac{1}{(N-1)!}\Delta t^{N-1}\cdot\boldsymbol{I}_{n\times n}\end{bmatrix}\begin{bmatrix}\boldsymbol{I}_{n\times n}\\ \boldsymbol{F}(t)\\ \boldsymbol{F}^2(t)\\ \vdots\\ \boldsymbol{F}^{N-1}(t)\end{bmatrix} \tag{6.210}$$

记 $\boldsymbol{T}_{1\times N}=[\boldsymbol{I}_{n\times n}\quad \Delta t\cdot\boldsymbol{I}_{n\times n}\quad \frac{1}{2!}\Delta t^2\cdot\boldsymbol{I}_{n\times n}\quad\cdots\quad\frac{1}{(N-1)!}\Delta t^{N-1}\cdot\boldsymbol{I}_{n\times n}]_{n\times nN}$，其中矩阵 $\boldsymbol{T}$ 由 $1\times N$ 个 $n\times n$ 阶的分块矩阵组成，其中第 I 个元素 $\boldsymbol{T}_I=\frac{1}{(I-1)!}\Delta t^{I-1}\cdot\boldsymbol{I}_{n\times n}$。

记矩阵 $\boldsymbol{M}(t)=\begin{bmatrix}\boldsymbol{I}_{n\times n}\\ \boldsymbol{F}(t)\\ \boldsymbol{F}^2(t)\\ \vdots\\ \boldsymbol{F}^{N-1}(t)\end{bmatrix}_{nN\times n}$，其中矩阵 $\boldsymbol{M}(t)$ 由 $N\times 1$ 个 $n\times n$ 阶的分块矩阵

组成，第 I 个元素 $\boldsymbol{M}_I(t)=\boldsymbol{F}^{I-1}(t)$，定义 $\boldsymbol{F}^0(t)=\boldsymbol{I}_{n\times n}$。这样，状态转移阵可以表示为

$$\boldsymbol{\Phi}(t)=\boldsymbol{T}\boldsymbol{M}(t)=\sum_{I=1}^{N}\boldsymbol{T}_I\boldsymbol{M}_I(t)=\sum_{I=1}^{N}\boldsymbol{M}_I(t)\boldsymbol{T}_I \tag{6.211}$$

6.6.2.2　计算离散量

采用式(6.211)中状态转移阵 $\boldsymbol{\Phi}(\mathrm{t})$ 的形式，分别计算 $\boldsymbol{\Gamma}_{k+1,k}$，$\boldsymbol{Y}_{k+1,k}$，$\boldsymbol{Q}_k$ 等离散量。

(1) 计算 $\boldsymbol{\Gamma}_{k+1,k}$。

在实际计算 $\boldsymbol{\Gamma}_{k+1,k}$ 时，可认为矩阵 $\boldsymbol{B}(t)$ 在 $t_k\leqslant t<t_{k+1}$ 时间段内保持常值，所以进一步化简为

$$\begin{aligned}\boldsymbol{\Gamma}_{k+1,\ k}&=\int_{t_k}^{t_{k+1}}\boldsymbol{\Phi}(t_{k+1},\ \tau)\boldsymbol{B}(t_k)\mathrm{d}\tau\\&=\int_{t_k}^{t_{k+1}}\sum_{I=1}^{N}\boldsymbol{M}_I(t_k)\boldsymbol{T}_I\boldsymbol{B}(t_k)\mathrm{d}\tau\\&=\sum_{I=1}^{N}\int_{t_k}^{t_{k+1}}\boldsymbol{M}_I(t_k)\boldsymbol{B}(t_k)\frac{1}{(I-1)!}\Delta t^{I-1}\mathrm{d}\tau\\&=\sum_{I=1}^{N}\frac{1}{I!}\boldsymbol{F}^{I-1}(t_k)\boldsymbol{B}(t_k)\Delta t^{I}\end{aligned} \tag{6.212}$$

(2) 计算 $\boldsymbol{Y}_{k+1,k}$。

同样，计算 $\boldsymbol{Y}_{k+1,k}$ 时认为矩阵 $\boldsymbol{G}(t)$ 在 $t_k\leqslant t<t_{k+1}$ 时间段内保持常值，那么有

$$\boldsymbol{Y}_{k+1,\ k}=\int_{t_k}^{t_{k+1}}\boldsymbol{\Phi}(t_{k+1},\ \tau)\boldsymbol{G}(\tau)\mathrm{d}\tau=\sum_{I=1}^{N}\frac{1}{I!}\boldsymbol{F}^{I-1}(t_k)\boldsymbol{G}(t_k)\Delta t^{I} \tag{6.213}$$

(3) 计算过程噪声协方差阵 $\boldsymbol{Q}_k$。

$$\begin{aligned}\boldsymbol{Q}_k&=\boldsymbol{Y}_{k+1,\ k}\boldsymbol{Q}_w(t_k)\boldsymbol{Y}_{k+1,\ k}^{\mathrm{T}}\\&=\int_{t_k}^{t_{k+1}}\boldsymbol{\Phi}(t_{k+1},\ \tau)\boldsymbol{G}(\tau)\boldsymbol{Q}_w(t_k)\boldsymbol{G}^{\mathrm{T}}(\tau)\boldsymbol{\Phi}^{\mathrm{T}}(t_{k+1},\ \tau)\mathrm{d}\tau\end{aligned} \tag{6.214}$$

记 $\boldsymbol{Q}_{\mathrm{tmp}}(t_k)=\boldsymbol{G}(t_k)\boldsymbol{Q}_w(t_k)\boldsymbol{G}^{\mathrm{T}}(t_k)$，则式(6.214)可以改写成

$$\begin{aligned}\boldsymbol{Q}_k&=\int_{t_k}^{t_{k+1}}\boldsymbol{\Phi}(t_{k+1},\ \tau)\boldsymbol{Q}_{\mathrm{tmp}}(t_k)\boldsymbol{\Phi}^{\mathrm{T}}(t_{k+1},\ \tau)\mathrm{d}\tau\\&=\int_{t_k}^{t_{k+1}}\boldsymbol{T}\boldsymbol{M}(t_k)\boldsymbol{Q}_{\mathrm{tmp}}(t_k)\boldsymbol{M}^{\mathrm{T}}(t_k)\boldsymbol{T}^{\mathrm{T}}\mathrm{d}\tau\end{aligned} \tag{6.215}$$

这里，$\boldsymbol{Q}_{\mathrm{tmp}}(t_k)$ 是 $n\times n$ 阶，与矩阵 $\boldsymbol{T}$、$\boldsymbol{M}$ 每个分块小矩阵阶数相同，应用分块

矩阵乘法可得

$$
\begin{aligned}
&\boldsymbol{TM}(t_k)\boldsymbol{Q}_{\mathrm{tmp}}(t_k)\boldsymbol{M}^{\mathrm{T}}(t_k)\boldsymbol{T}^{\mathrm{T}}\\
&=\left[\boldsymbol{I}_{n\times n}\ \Delta t\cdot\boldsymbol{I}_{n\times n}\cdots\frac{1}{(N-1)!}\Delta t^{N-1}\cdot\boldsymbol{I}_{n\times n}\right]\\
&\quad\begin{bmatrix}\boldsymbol{I}_{n\times n}\\ \boldsymbol{F}(t_k)\\ \vdots\\ \boldsymbol{F}^{N-1}(t_k)\end{bmatrix}\boldsymbol{Q}_{\mathrm{tmp}}(t_k)\left[\boldsymbol{I}_{n\times n}\boldsymbol{F}^{\mathrm{T}}(t_k)\cdots(\boldsymbol{F}^{\mathrm{T}}(t_k))^{N-1}\right]\begin{bmatrix}\boldsymbol{I}_{n\times n}\\ \Delta t\cdot\boldsymbol{I}_{n\times n}\\ \vdots\\ \dfrac{1}{(N-1)!}\Delta t^{N-1}\cdot\boldsymbol{I}_{n\times n}\end{bmatrix}\\
&=\left[\boldsymbol{I}_{n\times n}\ \Delta t\cdot\boldsymbol{I}_{n\times n}\cdots\frac{1}{(N-1)!}\Delta t^{N-1}\cdot\boldsymbol{I}_{n\times n}\right]\\
&\quad\begin{bmatrix}\boldsymbol{Q}_{\mathrm{tmp}}(t_k) & \boldsymbol{Q}_{\mathrm{tmp}}(t_k)\boldsymbol{F}^{\mathrm{T}}(t_k) & \cdots & \boldsymbol{Q}_{\mathrm{tmp}}(t_k)(\boldsymbol{F}^{\mathrm{T}}(t_k))^{N-1}\\ \boldsymbol{F}(t_k)\boldsymbol{Q}_{\mathrm{tmp}}(t_k) & \boldsymbol{F}(t_k)\boldsymbol{Q}_{\mathrm{tmp}}(t_k)\boldsymbol{F}^{\mathrm{T}}(t_k) & \cdots & \boldsymbol{F}(t_k)\boldsymbol{Q}_{\mathrm{tmp}}(t_k)(\boldsymbol{F}^{\mathrm{T}}(t_k))^{N-1}\\ \cdots & \cdots & \cdots & \cdots\\ \boldsymbol{F}^{N-1}(t_k)\boldsymbol{Q}_{\mathrm{tmp}}(t_k) & \boldsymbol{F}^{N-1}(t_k)\boldsymbol{Q}_{\mathrm{tmp}}(t_k)\boldsymbol{F}^{\mathrm{T}}(t_k) & \cdots & \boldsymbol{F}^{N-1}(t_k)\boldsymbol{Q}_{\mathrm{tmp}}(t_k)(\boldsymbol{F}^{\mathrm{T}}(t_k))^{N-1}\end{bmatrix}\\
&\quad\begin{bmatrix}\boldsymbol{I}_{n\times n}\\ \Delta t\cdot\boldsymbol{I}_{n\times n}\\ \vdots\\ \dfrac{1}{(N-1)!}\Delta t^{N-1}\cdot\boldsymbol{I}_{n\times n}\end{bmatrix}
\end{aligned}
$$

其中，$(\boldsymbol{F}^{N-1}(t_k))^{\mathrm{T}}=(\boldsymbol{F}^{\mathrm{T}}(t_k))^{N-1}$。

这里定义 $\boldsymbol{H}_{N\times N}=\boldsymbol{M}(t_k)\boldsymbol{Q}_{\mathrm{tmp}}(t_k)\boldsymbol{M}^{\mathrm{T}}(t_k)$，则 $\boldsymbol{H}_{IJ}=\boldsymbol{F}^{I-1}(t_k)\boldsymbol{Q}_{\mathrm{tmp}}(t_k)(\boldsymbol{F}^{\mathrm{T}}(t_k))^{J-1}$，于是有

$$
\begin{aligned}
\boldsymbol{Q}_k&=\int_{t_k}^{t_{k+1}}\boldsymbol{TM}(t_k)\boldsymbol{Q}_{\mathrm{tmp}}(t_k)\boldsymbol{M}^{\mathrm{T}}(t_k)\boldsymbol{T}^{\mathrm{T}}\mathrm{d}\tau\\
&=\int_{t_k}^{t_{k+1}}\sum_{J=1}^{N}\sum_{I=1}^{N}\boldsymbol{H}_{IJ}\boldsymbol{T}_I\boldsymbol{T}_J\mathrm{d}\tau\\
&=\int_{t_k}^{t_{k+1}}\sum_{J=1}^{N}\sum_{I=1}^{N}\frac{1}{(I-1)!}\frac{1}{(J-1)!}\boldsymbol{F}^{I-1}(t_k)\boldsymbol{Q}_{\mathrm{tmp}}(t_k)(\boldsymbol{F}^{\mathrm{T}}(t_k))^{J-1}\Delta t^{I+J-2}\mathrm{d}\tau\\
&=\sum_{J=1}^{N}\sum_{I=1}^{N}\frac{1}{(I+J-1)}\frac{1}{(I-1)!}\frac{1}{(J-1)!}\boldsymbol{F}^{I-1}(t_k)\boldsymbol{Q}_{\mathrm{tmp}}(t_k)(\boldsymbol{F}^{\mathrm{T}}(t_k))^{J-1}\Delta t^{I+J-1}
\end{aligned}
\tag{6.216}
$$

至此，已从理论上推导了 $\boldsymbol{\Gamma}_{k+1,k}$、$\boldsymbol{Y}_{k+1,k}$、$\boldsymbol{Q}_k$ 等量的表达式，利于计算机上编程实现，可知通过参数 N 的选取控制离散量的计算精度，且适用于一般模型。计算机上具体实现流程如下。

Step 1：针对特定模型，计算 t_k 时刻 $\boldsymbol{F}(t_k)$，$\boldsymbol{B}(t_k)$，$\boldsymbol{G}(t_k)$，$\boldsymbol{Q}_w(t_k)$；

Step 2：根据精度要求，选取合适的参数 N；

Step 3：利用式（6.212）、式（6.213）和式（6.216）分别计算 $\boldsymbol{\Gamma}_{k+1,k}$，$\boldsymbol{Y}_{k+1,k}$，$\boldsymbol{Q}_k$。

6.6.2.3　参数 N 的讨论

在 t_k 时刻，离散量 $\boldsymbol{\Gamma}_{k+1,k}$，$\boldsymbol{Y}_{k+1,k}$，$\boldsymbol{Q}_k$ 的表达式可看作关于 N 的函数，可通过 N 的选取来控制上述离散量的计算精度。下面通过计算一步截断误差做进一步讨论，具体如下：

$$|\boldsymbol{\Gamma}_{k+1,k}(N)-\boldsymbol{\Gamma}_{k+1,k}(N-1)|=\frac{1}{N!}\boldsymbol{F}^{N-1}(t_k)\boldsymbol{B}(t_k)\Delta t^N \tag{6.217}$$

$$|\boldsymbol{Y}_{k+1,k}(N)-\boldsymbol{Y}_{k+1,k}(N-1)|=\frac{1}{N!}\boldsymbol{F}^{N-1}(t_k)\boldsymbol{G}(t_k)\Delta t^N \tag{6.218}$$

$$\begin{aligned}&|\boldsymbol{Q}_k(N)-\boldsymbol{Q}_k(N-1)|\\ =&\sum_{I=1}^{N}\frac{1}{(I+N-1)}\frac{1}{(N-1)!}\frac{1}{(I-1)!}(\boldsymbol{F}^{I-1}(t_k)\boldsymbol{Q}_{\text{tmp}}(t_k)(\boldsymbol{F}^{\text{T}}(t_k))^{N-1}+\\ &\boldsymbol{F}^{N-1}(t_k)\boldsymbol{Q}_{\text{tmp}}(t_k)(\boldsymbol{F}^{\text{T}}(t_k))^{I-1})\Delta t^{I+N-1}\end{aligned} \tag{6.219}$$

分析可知，截断误差不仅跟实际问题中的 $\boldsymbol{F}(t_k)$，$\boldsymbol{B}(t_k)$，$\boldsymbol{G}(t_k)$，$\boldsymbol{Q}_w(t_k)$ 等量相关，还跟计算步长 Δt 有关，如何选取参数 N 需根据实际问题及其精度要求进行分析。由于误差量是以矩阵的形式出现，这里定义矩阵 2-范数作为截断误差大小的判断指标。进一步指出，同一时刻计算不同离散量的 N 值可以不同，不同时刻计算同一个离散量的 N 值也可不同，关键在于保证各离散量满足精度要求即可。综上所述，通过设计参数 N，保证了算法具有一定的鲁棒性。

6.6.3　仿真实验与分析

为了验证算法的有效性，考虑如下系统状态方程：

$$\dot{\boldsymbol{X}}(t)=\begin{bmatrix}3\sin t & 1\\ 1 & 3\cos t\end{bmatrix}\boldsymbol{X}(t)+\begin{bmatrix}1\\1\end{bmatrix}\boldsymbol{U}(t)+\begin{bmatrix}1\\10^{-4}t^2\end{bmatrix}\boldsymbol{W}(t) \tag{6.220}$$

式中：$\boldsymbol{U}(t)=1$；$\boldsymbol{Q}_w(t)=1$。

取步长 $\Delta t=0.2\text{s}$，仿真时间 20s，参数 N 依次取 2，3，4，5，依据

6.6.2.2 节中算法分别计算 $\boldsymbol{\Gamma}_{k+1,k}$，$\boldsymbol{Y}_{k+1,k}$，$\boldsymbol{Q}_k$。图 6.5 绘出了 $\boldsymbol{\Gamma}_{k+1,k}(2,1)$，$\boldsymbol{Y}_{k+1,k}(2,1)$，$\boldsymbol{Q}_k(2,2)$等量与参数 N 的关系曲线。

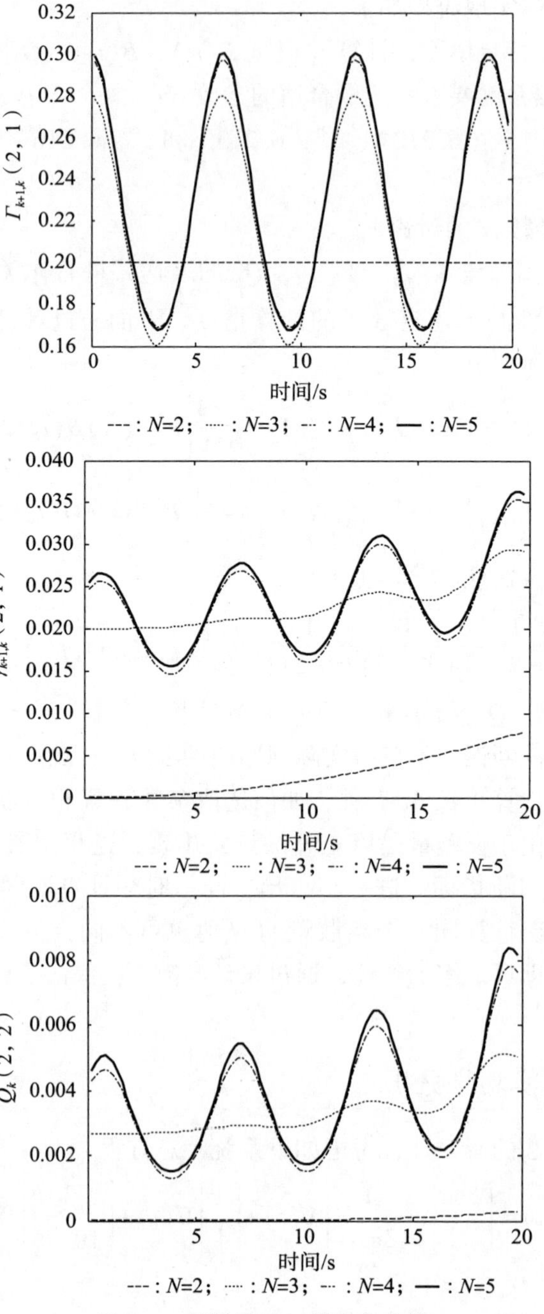

图 6.5　离散量随 N 值变化曲线

可以看出，随着 N 值不断增大，$\boldsymbol{\Gamma}_{k+1,k}$，$\boldsymbol{Y}_{k+1,k}$，$\boldsymbol{Q}_k$ 等量的计算精度不断提高，不断地逼近它们的真实值，将精度控制在一定范围内，这与理论分析结果相符。实际应用中，应根据精度要求选取适当的 N 值，尤其是当 $\boldsymbol{F}(t_k)$，$\boldsymbol{B}(t_k)$，$\boldsymbol{G}(t_k)$，$\boldsymbol{Q}_w(t_k)$ 以及计算步长 Δt 较大时，应选择较大的 N 值，以保证状态转移阵 $\boldsymbol{\Phi}(t)$ 的泰勒展开式精度。另外，在应用中还发现，由于上述离散过程仅涉及简单的线性代数运算，较大的 N 值并不会显著影响程序的处理速度，表6.3中比较了一次滤波中三个离散量总计算时间。

表6.3　计算时间比较

N	2	3	4	5	6	7	8	9	10
t/ms	0.15	0.16	0.31	0.47	0.78	0.80	0.85	0.94	1.25

参考文献

[1] SHUSTER M D. A survey of attitude representations[J]. Journal of the Astronautical Sciences, 1993, 41(4): 439-517.

[2] STUELPNAGEL J. On the paramerization of the three-dimensional rotational group[J]. SIAM Review, 1964, 6(4): 422-430.

[3] WERTZ J R. Spacecraft attitude determination and control[M]. The Netherlands: Kluwer Academic Publishers, 1978.

[4] KALMAN R E. A new approach to linear filtering and prediction problems[J]. Transactions of the ASME, Journal of Basic Engineering, 1960, 82: 34-45.

[5] MARKLEY F L, CRASSIDIS J L, CHENG Y, et al. Nonlinear attitude filtering methods[C]// AIAA Guidance, Navigation, and Control Conference. USA: AIAA Inc, 2005, 753-784.

[6] PITTELKAU M E. Rotation vector attitude estimation[J]. Journal of Guidance, Control, and Dynamics, 2003, 26(6): 855-860.

[7] PITTELKAU M E. Kalman filtering for spacecraft system alignment calibration[J]. Journal of Guidance, Control, and Dynamics, 2001, 24(6): 1187-1195.

[8] VAN LOAN C F. Computing integrals involving the matrix exponential[J]. IEEE Transactions on Automatic Control, 1978, AC-23(3): 396-404.

[9] 张力军，钱山，蔡洪，等. Kalman滤波中连续系统离散化的计算机实现[J]. 飞行器测控学报，2010，29(2)：66-69.

[10] 张力军. 基于多视场星敏感器的航天器姿态确定方法研究[D]. 长沙：国防科学技术大学，2011.

[11] CHENG Y, CRASSIDIS J L, MARKLEY F L, et al. Attitude estimation for large field-of-

view sensors[J]. Journal of the Astronautical Sciences, 2006, 54(3): 433-448.

[12] BAR-ITZHACK I Y, DEUTSCHMANN J, MARKLEY F L, et al. Quaternion normalization in additive EKF for spacecraft attitude determination[C]//AIAA Guidance, Navigation, and Control Conference, NewOrleans, LA. USA: AIAA Inc, 1991, 908-916.

[13] SHUSTER M D. The quaternion in Kalman filtering[J]. Advances in the Astronautical Sciences, 1993, 85: 25-37.

[14] JULIER S J, UHLMANN J K, DURRANT-WHYTE H F, et al. A new approach for filtering nonlinear systems[C]//Proceedings of the American Control Conference. USA: AIAA Inc, 1995, 1628-1632.

[15] JULIER S J, UHLMANN J K. A new extension of the Kalman filter to nonlinear systems[C]// Proceedings of the SPIE, Signal Processing, Sensor Fusion, and Target Recognition VI. USA: AIAA Inc, 1997, 182-193.

[16] CRASSIDIS J L. Sigma-point Kalman filtering for integrated gps and inertial navigation[C]// AIAA Guidance, Navigation, and Control Conference, San Francisco. USA: AIAA Inc, 2005, 1981-2004.

[17] CRASSIDIS J L, MARKLEY F L. Unscented filtering for spacecraft attitude estimation[J]. Journal of Guidance, Control, and Dynamics, 2003, 26(4): 536-542.

[18] ZANETTI R, MAJJI M, BISHOP R H, et al. Norm-constrained Kalman filtering[J]. Journal of Guidance, Control, and Dynamics, 2009, 32(5): 1458-1465.

[19] LEFFERTS E J, MARKLEY F L, SHUSTER M D, et al. Kalman filtering for spacecraft attitude estimation[J]. Journal of Guidance, Control, and Dynamics, 1982, 5(5): 417-429.

[20] 张金槐，蔡洪. 飞行器试验统计学[M]. 长沙：国防科技大学出版社，1995.

附录A
矢量与反对称阵的基本运算规则

任一矢量可以用列矩阵表示，也可以用相应的反对称矩阵表示，因此可以将矢量运算转化为矩阵运算。设 $\boldsymbol{u}$，$\boldsymbol{v}$，$\boldsymbol{w}$ 是任意三维矢量，有如下运算规则：

(1) 点积。

矢量点积(内积)可以表示成矩阵乘积运算，即

$$\boldsymbol{u}\cdot\boldsymbol{v}=\boldsymbol{v}\cdot\boldsymbol{u}=\sum_{k=1}^{3}u_k v_k=\boldsymbol{u}^{\mathrm{T}}\boldsymbol{v}=\boldsymbol{v}^{\mathrm{T}}\boldsymbol{u} \tag{A.1}$$

(2) 叉积。

两矢量之叉积可以表示成如下矩阵乘积：

$$\boldsymbol{u}\times\boldsymbol{v}=[\boldsymbol{u}\times]\boldsymbol{v}=-[\boldsymbol{v}\times]\boldsymbol{u} \tag{A.2}$$

其中，$[\boldsymbol{u}\times]$ 为反对称矩阵，其定义为

$$[\boldsymbol{u}\times]=\begin{bmatrix} 0 & -u_3 & u_2 \\ u_3 & 0 & -u_1 \\ -u_2 & u_1 & 0 \end{bmatrix} \tag{A.3}$$

(3) 几个常用的关系式。

$$[\boldsymbol{u}\times]^{\mathrm{T}}=-[\boldsymbol{u}\times] \tag{A.4}$$

$$[\boldsymbol{u}\times]\boldsymbol{v}=-[\boldsymbol{v}\times]\boldsymbol{u} \tag{A.5}$$

$$[\boldsymbol{u}\times]\boldsymbol{u}=\boldsymbol{u}\times\boldsymbol{u}=\boldsymbol{0}_{3\times1} \tag{A.6}$$

$$\boldsymbol{u}^{\mathrm{T}}[\boldsymbol{u}\times]=-([\boldsymbol{u}\times]\boldsymbol{u})^{\mathrm{T}}=\boldsymbol{0}_{1\times3} \tag{A.7}$$

$$[\boldsymbol{u}\times][\boldsymbol{v}\times]=\boldsymbol{v}\boldsymbol{u}^{\mathrm{T}}-\boldsymbol{u}^{\mathrm{T}}\boldsymbol{v}\boldsymbol{I}_{3\times3} \tag{A.8}$$

$$[\boldsymbol{u}\times]^2=\boldsymbol{u}\boldsymbol{u}^{\mathrm{T}}-|\boldsymbol{u}|^2\boldsymbol{I}_{3\times3},\qquad [\boldsymbol{u}\times]^3=-|\boldsymbol{u}|^2[\boldsymbol{u}\times] \tag{A.9}$$

$$[\boldsymbol{u}\times][\boldsymbol{v}\times]-[\boldsymbol{v}\times][\boldsymbol{u}\times]=\boldsymbol{v}\boldsymbol{u}^{\mathrm{T}}-\boldsymbol{u}\boldsymbol{v}^{\mathrm{T}}=[(\boldsymbol{u}\times\boldsymbol{v})\times] \tag{A.10}$$

$$\boldsymbol{u}\boldsymbol{v}^{\mathrm{T}}[\boldsymbol{w}\times]+[\boldsymbol{w}\times]\boldsymbol{v}\boldsymbol{u}^{\mathrm{T}}=[(\boldsymbol{u}\times(\boldsymbol{v}\times\boldsymbol{w}))\times] \tag{A.11}$$

利用式(A.8)可得

$$\boldsymbol{a}\times(\boldsymbol{b}\times\boldsymbol{c})=[\boldsymbol{a}\times][\boldsymbol{b}\times]\boldsymbol{c}=(\boldsymbol{a}\cdot\boldsymbol{c})\boldsymbol{b}-(\boldsymbol{a}\cdot\boldsymbol{b})\boldsymbol{c} \tag{A.12}$$

同样可以得到雅可比等式

$$\boldsymbol{a}\times(\boldsymbol{b}\times\boldsymbol{c})+(\boldsymbol{b}\times\boldsymbol{c})\times\boldsymbol{a}+(\boldsymbol{c}\times\boldsymbol{a})\times\boldsymbol{b}=\boldsymbol{0}_{3\times1} \tag{A.13}$$

从式(A.9)可以得到

$$\begin{aligned}&[\boldsymbol{u}\times]^{2k+1}=(-1)^k\,|\boldsymbol{u}|^{2k}[\boldsymbol{u}\times]\\&[\boldsymbol{u}\times]^{2k+2}=(-1)^k\,|\boldsymbol{u}|^{2k}[\boldsymbol{u}\times]^2,\quad k=1,2,\cdots,n\end{aligned} \tag{A.14}$$

假设 $\boldsymbol{M}$ 为任意方阵，有

$$\boldsymbol{M}[\boldsymbol{u}\times]\boldsymbol{M}^{\mathrm{T}}=[\mathrm{adj}(\boldsymbol{M}^{\mathrm{T}})\boldsymbol{u}\times] \tag{A.15}$$

进一步，可以得到

$$\boldsymbol{M}[\boldsymbol{u}\times]\boldsymbol{M}^{\mathrm{T}}=(\det\boldsymbol{M})[(\boldsymbol{M}^{\mathrm{T}})^{-1}\boldsymbol{u}\times] \tag{A.16}$$

其中，$\boldsymbol{M}$ 为任意非奇异矩阵。根据式(A.10)可得

$$[(\boldsymbol{Mu}\times\boldsymbol{Mv})\times]=\boldsymbol{M}[(\boldsymbol{u}\times\boldsymbol{v})\times]\boldsymbol{M}^{\mathrm{T}} \tag{A.17}$$

(4) 正交变换。

设 $\boldsymbol{C}$ 为 3×3 的正交矩阵，则有

$$\boldsymbol{C}^{\mathrm{T}}\boldsymbol{C}=\boldsymbol{C}\boldsymbol{C}^{\mathrm{T}}=\boldsymbol{I}_{3\times3},\quad \boldsymbol{C}^{\mathrm{T}}=\boldsymbol{C}^{-1} \tag{A.18}$$

从式(A.18)可得

$$1=\det(\boldsymbol{C}\boldsymbol{C}^{\mathrm{T}})=(\det\boldsymbol{C})(\det\boldsymbol{C}^{\mathrm{T}})=(\det\boldsymbol{C})^2 \tag{A.19}$$

于是有

$$\det\boldsymbol{C}=\pm1 \tag{A.20}$$

当 $\det\boldsymbol{C}=1$ 时，矩阵 $\boldsymbol{C}$ 被称为正常正交矩阵或特殊正交矩阵，否则是非正常正交矩阵。正常正交矩阵表示旋转，而非正常正交矩阵可被分解为一个正常正交矩阵与一个反转矩阵的乘积。

对于任意正交矩阵有

$$(\boldsymbol{Cx})\cdot(\boldsymbol{Cy})=\boldsymbol{x}\cdot\boldsymbol{y} \tag{A.21}$$

$$(\boldsymbol{Cx})\times(\boldsymbol{Cy})=(\det\boldsymbol{C})\boldsymbol{C}(\boldsymbol{x}\times\boldsymbol{y}) \tag{A.22}$$

方程(A.22)等价于

$$\boldsymbol{C}[\boldsymbol{u}\times]\boldsymbol{C}^{\mathrm{T}}=(\det\boldsymbol{C})[\boldsymbol{Cu}\times] \tag{A.23}$$

事实上，式(A.23)是式(A.16)的一种特殊情况。因此，可以看出每一个正交变换保留了数积，而只有正常正交矩阵保留了矢积。注意到$(\det\boldsymbol{C})\boldsymbol{C}$ 为一个正常正交矩阵，即使 $\boldsymbol{C}$ 是一个非正常正交矩阵。

附录B
常用欧拉角运动学方程

常用欧拉角转序主要包含2-3-1，3-1-2，3-2-1，2-1-3，3-1-3五种转序，定义φ，ϑ，ψ为依次旋转的欧拉角，$\dot{\varphi}$，$\dot{\vartheta}$，$\dot{\psi}$为相应的欧拉角速率，则欧拉运动学方程及其反解方程式如下所示：

（1）2-3-1转序。

$$\boldsymbol{\omega}=\boldsymbol{M}_{2-3-1}(\varphi,\ \vartheta,\ \psi)\begin{bmatrix}\dot{\varphi}\\ \dot{\vartheta}\\ \dot{\psi}\end{bmatrix}=\begin{bmatrix}\sin\vartheta & 0 & 1\\ \cos\vartheta\cos\psi & \sin\psi & 0\\ -\cos\vartheta\sin\psi & \cos\psi & 0\end{bmatrix}\begin{bmatrix}\dot{\varphi}\\ \dot{\vartheta}\\ \dot{\psi}\end{bmatrix} \tag{B.1}$$

$$\begin{bmatrix}\dot{\varphi}\\ \dot{\vartheta}\\ \dot{\psi}\end{bmatrix}=\boldsymbol{M}_{2-3-1}^{-1}(\varphi,\ \vartheta,\ \psi)\boldsymbol{\omega}=\begin{bmatrix}0 & \cos\psi\sec\vartheta & -\sin\psi\sec\vartheta\\ 0 & \sin\psi & \cos\psi\\ 1 & -\cos\psi\tan\vartheta & \sin\psi\tan\vartheta\end{bmatrix}\boldsymbol{\omega} \tag{B.2}$$

（2）3-1-2转序。

$$\boldsymbol{\omega}=\boldsymbol{M}_{3-1-2}(\varphi,\ \vartheta,\ \psi)\begin{bmatrix}\dot{\varphi}\\ \dot{\vartheta}\\ \dot{\psi}\end{bmatrix}=\begin{bmatrix}-\cos\vartheta\sin\psi & \cos\psi & 0\\ \sin\vartheta & 0 & 1\\ \cos\vartheta\cos\psi & \sin\psi & 0\end{bmatrix}\begin{bmatrix}\dot{\varphi}\\ \dot{\vartheta}\\ \dot{\psi}\end{bmatrix} \tag{B.3}$$

$$\begin{bmatrix}\dot{\varphi}\\ \dot{\vartheta}\\ \dot{\psi}\end{bmatrix}=\boldsymbol{M}_{3-1-2}^{-1}(\varphi,\ \vartheta,\ \psi)\boldsymbol{\omega}=\begin{bmatrix}-\sin\psi\sec\vartheta & 0 & \cos\psi\sec\vartheta\\ \cos\psi & 0 & \sin\psi\\ \sin\psi\tan\vartheta & 1 & -\cos\psi\tan\vartheta\end{bmatrix}\boldsymbol{\omega} \tag{B.4}$$

（3）3-2-1转序。

$$\boldsymbol{\omega}=\boldsymbol{M}_{3-2-1}(\varphi,\ \vartheta,\ \psi)\begin{bmatrix}\dot{\varphi}\\ \dot{\vartheta}\\ \dot{\psi}\end{bmatrix}=\begin{bmatrix}-\sin\vartheta & 0 & 1\\ \cos\vartheta\sin\psi & \cos\psi & 0\\ \cos\vartheta\cos\psi & -\sin\psi & 0\end{bmatrix}\begin{bmatrix}\dot{\varphi}\\ \dot{\vartheta}\\ \dot{\psi}\end{bmatrix} \tag{B.5}$$

$$\begin{bmatrix}\dot{\varphi}\\ \dot{\vartheta}\\ \dot{\psi}\end{bmatrix}=\boldsymbol{M}_{3\text{-}2\text{-}1}^{-1}(\varphi,\ \vartheta,\ \psi)\boldsymbol{\omega}=\begin{bmatrix}0 & \sin\psi\sec\vartheta & \cos\psi\sec\vartheta\\ 0 & \cos\psi & -\sin\psi\\ 1 & \sin\psi\tan\vartheta & \cos\psi\tan\vartheta\end{bmatrix}\boldsymbol{\omega} \tag{B.6}$$

(4) 2-1-3 转序。

$$\boldsymbol{\omega}=\boldsymbol{M}_{2\text{-}1\text{-}3}(\varphi,\ \vartheta,\ \psi)\begin{bmatrix}\dot{\varphi}\\ \dot{\vartheta}\\ \dot{\psi}\end{bmatrix}=\begin{bmatrix}\cos\vartheta\sin\psi & \cos\psi & 0\\ \cos\vartheta\cos\psi & -\sin\psi & 0\\ -\sin\vartheta & 0 & 1\end{bmatrix}\begin{bmatrix}\dot{\varphi}\\ \dot{\vartheta}\\ \dot{\psi}\end{bmatrix} \tag{B.7}$$

$$\begin{bmatrix}\dot{\varphi}\\ \dot{\vartheta}\\ \dot{\psi}\end{bmatrix}=\boldsymbol{M}_{2\text{-}1\text{-}3}^{-1}(\varphi,\ \vartheta,\ \psi)\boldsymbol{\omega}=\begin{bmatrix}\sin\psi\sec\vartheta & \cos\psi\sec\vartheta & 0\\ \cos\psi & -\sin\psi & 0\\ \sin\psi\tan\vartheta & \cos\psi\tan\vartheta & 1\end{bmatrix}\boldsymbol{\omega} \tag{B.8}$$

(5) 3-1-3 转序。

$$\boldsymbol{\omega}=\boldsymbol{M}_{3\text{-}1\text{-}3}(\varphi,\ \vartheta,\ \psi)\begin{bmatrix}\dot{\varphi}\\ \dot{\vartheta}\\ \dot{\psi}\end{bmatrix}=\begin{bmatrix}\sin\vartheta\sin\psi & \cos\psi & 0\\ \sin\vartheta\cos\psi & -\sin\psi & 0\\ \cos\vartheta & 0 & 1\end{bmatrix}\begin{bmatrix}\dot{\varphi}\\ \dot{\vartheta}\\ \dot{\psi}\end{bmatrix} \tag{B.9}$$

$$\begin{bmatrix}\dot{\varphi}\\ \dot{\vartheta}\\ \dot{\psi}\end{bmatrix}=\boldsymbol{M}_{3\text{-}1\text{-}3}^{-1}(\varphi,\ \vartheta,\ \psi)\omega=\begin{bmatrix}\sin\psi\csc\vartheta & \cos\psi\csc\vartheta & 0\\ \cos\psi & -\sin\psi & 0\\ -\sin\psi\cot\vartheta & -\cos\psi\cot\vartheta & 1\end{bmatrix}\boldsymbol{\omega} \tag{B.10}$$

附录 C
星图识别仿真结果

C.1 单视场星敏感器星图识别仿真结果

单视场星敏感器星图识别仿真结果见表 C.1~表 C.3。

表 C.1 观测星不足 3 个的星图信息(单视场星敏感器)

序号	星图编号	光轴赤经/(°)	光轴赤纬/(°)	观测星个数
1	481	54.734921	-48.976479	2
2	489	51.286235	-49.537171	2
3	1060	124.921227	37.457604	2
4	1210	334.918055	14.772350	2
5	1336	124.557506	37.042823	2
6	1387	215.090576	-17.691966	2
7	1776	53.252103	-46.521832	2
8	1780	333.592040	19.674651	2
9	1994	334.802027	15.637271	1
10	2260	121.379039	40.701066	2
11	2521	226.538300	9.941058	2
12	2531	7.705883	1.504612	2
13	2596	127.260672	37.554608	1
14	2656	342.975865	-70.562261	2
15	2805	336.596644	18.231734	1
16	2982	158.516751	-30.963052	2
17	2990	126.231148	35.545586	0
18	2991	344.162946	-69.826818	2
19	3022	178.108598	32.230857	2

续表

序号	星图编号	光轴赤经/(°)	光轴赤纬/(°)	观测星个数
20	3341	161.979451	−9.117574	1
21	3570	53.032058	−45.449584	2
22	4354	325.891098	−46.843598	2
23	4435	56.924747	−48.908504	1
24	4439	48.173250	−47.174730	2
25	4818	22.045417	−25.093216	2
26	5156	7.393866	3.787778	2
27	5674	178.121639	32.349389	2
28	6245	15.476567	−32.567249	2
29	6714	122.573413	40.460958	2
30	6821	21.113265	−22.907417	2
31	6912	181.211353	−8.778695	1
32	7204	215.170759	−17.555458	2
33	7559	6.343986	3.963647	2
34	7805	334.828330	16.195918	1
35	7891	226.434781	9.988496	2
36	7984	179.916436	−4.996997	1
37	8634	335.743826	19.287067	1
38	9483	178.334524	−9.740205	2
39	9545	4.440344	5.883416	2
40	9720	7.406306	4.299727	2

表 C.2　无法找到唯一的星棱锥构型的星图信息(单视场星敏感器)

序号	星图编号	光轴赤经/(°)	光轴赤纬/(°)	观测星个数
1	697	50.148211	−42.197110	5
2	817	224.627887	9.293223	4
3	1181	262.838038	17.764486	5
4	1185	186.742567	−2.468105	5
5	1648	174.359365	27.256341	5
6	1813	245.910120	3.293508	6
7	1965	49.704360	−42.258673	5
8	2073	223.802156	14.705652	5
9	2177	172.227444	25.869790	5
10	2343	187.104224	−4.938470	5
11	2855	180.029599	−11.582850	4

续表

序号	星图编号	光轴赤经/(°)	光轴赤纬/(°)	观测星个数
12	3859	192. 095732	1. 181855	4
13	4363	46. 398266	-44. 926142	5
14	4538	46. 065109	-44. 556171	5
15	4621	217. 791292	-15. 732132	4
16	4629	51. 813585	-42. 741540	7
17	4783	38. 756809	-39. 993282	6
18	5340	23. 602946	-29. 471626	4
19	5470	49. 593432	-43. 429587	4
20	5496	252. 127474	-2. 023841	5
21	5638	190. 673263	-0. 013971	5
22	5803	223. 848658	8. 556323	5
23	6088	194. 078303	0. 972672	4
24	6449	225. 364735	9. 403078	4
25	6713	49. 993256	-45. 890594	4
26	6892	176. 552409	31. 322364	5
27	6896	190. 642158	0. 336044	5
28	7171	49. 613988	-43. 899270	4
29	7186	189. 753352	-7. 120893	5
30	7229	263. 238681	18. 072226	5
31	7585	224. 867662	11. 456679	5
32	7928	210. 986972	25. 220330	5
33	7985	226. 047054	9. 590824	4
34	8169	47. 398749	-45. 456418	5
35	8828	175. 351631	-8. 237752	4
36	8899	48. 669520	-43. 716493	5
37	8980	37. 816976	-82. 018335	4
38	9128	47. 390124	-46. 562386	5
39	9486	189. 382061	0. 344748	5
40	9590	52. 274552	-42. 016438	7

表 C.3 星图识别失败星图信息(单视场星敏感器)

序号	星图编号	光轴赤经/(°)	光轴赤纬/(°)	观测星个数	错误识别星个数
1	1532	281. 239554	6. 718186	9	1
2	1713	238. 323280	-51. 982559	14	1
3	2340	196. 594153	-59. 942707	26	1

续表

序号	星图编号	光轴赤经/(°)	光轴赤纬/(°)	观测星个数	错误识别星个数
4	3679	106.313396	29.135812	14	1
5	3702	235.091340	-51.504047	18	1
6	4490	17.5707220	22.097720	9	1
7	4623	244.615168	1.9352500	8	1
8	5739	226.958983	10.405963	5	1
9	6247	237.124682	-45.844784	25	1
10	6637	191.137567	-63.233269	39	1
11	6978	181.611314	-58.183629	37	1
12	8740	200.803557	-57.076303	20	1
13	9172	197.009612	39.843689	8	1

C.2 双视场星敏感器星图识别仿真结果

双视场星敏感器星图识别仿真结果见表 C.4~表 C.6。

表 C.4 观测星不足 3 个的星图信息(双视场星敏感器)

序号	星图编号	光轴赤经/(°)	光轴赤纬/(°)	观测星个数
1	86	179.934290	-31.827592	2
2	633	186.518174	-32.202278	2
3	681	138.229729	-18.119019	2
4	927	185.920318	-32.048121	2
5	1398	154.892977	-19.638562	2
6	1542	181.165898	-31.845000	2
7	1548	35.750256	-18.096533	1
8	1780	333.592040	19.674651	1
9	2161	0.172940	30.938789	2
10	2805	336.596644	18.231734	1
11	3108	289.717180	-79.379305	1
12	4055	348.214825	17.061733	2
13	4407	183.456988	84.452869	2
14	4455	50.979303	35.101959	2

续表

序号	星图编号	光轴赤经/(°)	光轴赤纬/(°)	观测星个数
15	4820	0.047937	-58.901639	2
16	5007	33.988408	-18.693013	2
17	6055	333.289682	17.924847	1
18	6578	359.473934	34.322253	2
19	8114	277.532815	12.588245	2
20	8210	281.109277	8.509388	2
21	8217	337.619228	17.246495	2
22	8369	339.855858	17.272228	2
23	8634	335.743826	19.287067	1
24	9574	74.301319	-84.243293	2
25	9696	110.508344	-8.545325	2

注：这里的光轴指向是指正常视场A的光轴指向，由此可唯一得到偏转视场B的光轴指向，观测星个数是指A视场和B视场观测星个数之和。

表C.5 无法找到唯一的星棱锥构型的星图信息(双视场星敏感器)

序号	星图编号	光轴赤经/(°)	光轴赤纬/(°)	观测星个数
1	156	212.504807	19.438650	5
2	443	183.214252	-30.126229	5
3	1364	23.098215	15.744081	4
4	1889	181.675315	-30.753316	4
5	3959	11.868848	-88.528345	5
6	4273	213.789820	20.604578	5
7	5126	150.406601	-1.630888	4
8	5836	185.087314	-30.567731	5
9	5839	37.601385	-76.262207	4
10	6217	216.203716	21.232555	5
11	8426	157.107109	-21.763840	4
12	8481	1.942967	1.226247	4
13	8499	0.081268	-76.232433	4
14	8508	284.504232	8.493585	4
15	9107	32.131883	15.838870	5
16	9981	217.834706	22.184552	5

表 C.6　星图识别失败星图信息(双视场星敏感器)

序号	星图编号	光轴赤经/(°)	光轴赤纬/(°)	观测星个数	错误识别星个数
1	285	234.197597	−50.868182	14	1
2	1061	261.918545	37.349845	16	1
3	1378	186.058897	−47.554596	14	1
4	1636	187.151354	−52.338827	18	1
5	2896	286.031027	37.968764	14	1
6	3543	50.667649	−38.130651	12	1
7	4296	265.143877	44.641838	13	1
8	4438	131.983175	−58.025688	21	1
9	4528	85.730045	13.439449	13	1
10	4857	225.478157	−51.156280	18	1
11	4999	85.009110	12.476449	12	1
12	5342	299.734854	−62.033107	18	1
13	5987	224.475137	−51.919573	13	1
14	5993	87.934237	11.993733	14	1
15	8655	272.346260	17.279218	10	1
16	8985	109.772516	31.246019	10	1
17	9818	235.525956	−50.545670	12	1

附录 D
测量灵敏度矩阵

常见的姿态参数描述有旋转矢量、姿态四元数、欧拉角，以及修正罗德里格参数。下面逐一研究对应的测量灵敏度矩阵。

观测矢量方程

$$\tilde{\boldsymbol{b}}=\boldsymbol{Ar}+\boldsymbol{v},\quad \boldsymbol{v}^T\boldsymbol{Ar}=0 \tag{D.1}$$

上式可进一步改写为

$$\begin{aligned}\tilde{\boldsymbol{b}}&=\boldsymbol{Ar}+\boldsymbol{v}\\&=(\boldsymbol{I}_{3\times3}-[\Delta\boldsymbol{\phi}\times])\hat{\boldsymbol{A}}\boldsymbol{r}+\boldsymbol{v}\\&=\hat{\boldsymbol{b}}+[\hat{\boldsymbol{b}}\times]\Delta\boldsymbol{\phi}+\boldsymbol{v}\end{aligned} \tag{D.2}$$

1. 旋转矢量

测量灵敏度矩阵为

$$\boldsymbol{H}_{\Delta\phi}=\frac{\partial\boldsymbol{Ar}}{\partial\Delta\boldsymbol{\phi}}=[\hat{\boldsymbol{b}}\times] \tag{D.3}$$

2. 四元数

(1) 误差矢量四元数。

根据小角度近似，有

$$\Delta\boldsymbol{\varrho}=\frac{1}{2}\Delta\boldsymbol{\phi} \tag{D.4}$$

因此，测量灵敏度矩阵为

$$\boldsymbol{H}_{\Delta\varrho}=\frac{\partial\boldsymbol{Ar}}{\partial\Delta\boldsymbol{\varrho}}=\frac{\partial\boldsymbol{Ar}}{\partial\Delta\boldsymbol{\phi}}\frac{\partial\Delta\boldsymbol{\phi}}{\partial\Delta\boldsymbol{\varrho}}=2[\hat{\boldsymbol{b}}\times] \tag{D.5}$$

(2) 加性四元数。

由四元数运动学方程可得

$$\dot{\boldsymbol{q}}=\frac{1}{2}\boldsymbol{\Xi}(\boldsymbol{q})\boldsymbol{\omega} \tag{D.6}$$

对四元数运动学方程积分可得

$$\Delta \boldsymbol{q}=\frac{1}{2}\boldsymbol{\Xi}(\boldsymbol{q})\Delta \boldsymbol{\phi}, \qquad \Delta \boldsymbol{\phi}=2\boldsymbol{\Xi}^{\mathrm{T}}(\boldsymbol{q})\Delta \boldsymbol{q} \tag{D.7}$$

因此，测量灵敏度矩阵为

$$\boldsymbol{H}_{q}=\frac{\partial \boldsymbol{A}(\boldsymbol{q})\boldsymbol{r}}{\partial \boldsymbol{q}}=\frac{\partial \boldsymbol{A}(\boldsymbol{q})\boldsymbol{r}}{\partial \Delta \boldsymbol{\phi}}\frac{\partial \Delta \boldsymbol{\phi}}{\partial \boldsymbol{q}}=2[\hat{\boldsymbol{b}}\times]\boldsymbol{\Xi}^{\mathrm{T}}(\boldsymbol{q}) \tag{D.8}$$

3. 欧拉角

由欧拉运动学方程可得

$$\boldsymbol{\omega}=\boldsymbol{M}(\varphi, \vartheta, \psi)\begin{bmatrix}\dot{\varphi}\\ \dot{\vartheta}\\ \dot{\psi}\end{bmatrix} \tag{D.9}$$

若定义欧拉角列矢量为 θ，由式(D.9)可得

$$\Delta \boldsymbol{\phi}=\boldsymbol{M}(\boldsymbol{\theta})\Delta \boldsymbol{\theta} \tag{D.10}$$

因此，测量灵敏度矩阵为

$$\boldsymbol{H}_{\theta}=\frac{\partial \boldsymbol{A}(\boldsymbol{\theta})\boldsymbol{r}}{\partial \boldsymbol{\theta}}=\frac{\partial \boldsymbol{A}(\theta)\boldsymbol{r}}{\partial \Delta \boldsymbol{\phi}}\frac{\partial \Delta \boldsymbol{\phi}}{\partial \theta}=[\hat{\boldsymbol{b}}\times]\boldsymbol{M}(\hat{\boldsymbol{\theta}}) \tag{D.11}$$

4. 修正罗德里格参数

对应的姿态运动学方程为

$$\dot{\boldsymbol{p}}=\boldsymbol{G}(\boldsymbol{p})\boldsymbol{\omega} \tag{D.12}$$

式中：

$$\boldsymbol{G}(\boldsymbol{p})\equiv\frac{1}{4}\{(1-\boldsymbol{p}^{\mathrm{T}}\boldsymbol{p})\boldsymbol{I}_{3\times 3}+2[\boldsymbol{p}\times]+2\boldsymbol{p}\boldsymbol{p}^{\mathrm{T}}\} \tag{D.13}$$

类似地，由式(D.12)可得

$$\Delta \boldsymbol{p}=\boldsymbol{G}(\boldsymbol{p})\Delta \boldsymbol{\phi} \tag{D.14}$$

因此，测量灵敏度矩阵为

$$\boldsymbol{H}_{p}=\frac{\partial \boldsymbol{A}(\boldsymbol{p})\boldsymbol{r}}{\partial \boldsymbol{p}}=\frac{\partial \boldsymbol{A}(\boldsymbol{p})\boldsymbol{r}}{\partial \Delta \boldsymbol{\phi}}\frac{\partial \Delta \boldsymbol{\phi}}{\partial \boldsymbol{p}}=[\hat{\boldsymbol{b}}\times]\boldsymbol{G}^{-1}(\boldsymbol{p}) \tag{D.15}$$

式中：

$$\boldsymbol{G}^{-1}(\boldsymbol{p})\equiv\frac{4}{(1+\boldsymbol{p}^{\mathrm{T}}\boldsymbol{p})^{2}}\{(1-\boldsymbol{p}^{\mathrm{T}}\boldsymbol{p})\boldsymbol{I}_{3\times 3}-2[\boldsymbol{p}\times]+2\boldsymbol{p}\boldsymbol{p}^{\mathrm{T}}\} \tag{D.16}$$

附录 E
容积卡尔曼滤波

考虑具有加性噪声的非线性系统模型：

$$\boldsymbol{x}_k=\boldsymbol{f}(\boldsymbol{x}_{k-1},\ k)+\boldsymbol{G}_{k-1}\boldsymbol{w}_{k-1} \tag{E.1}$$

$$\tilde{\boldsymbol{z}}_k=\boldsymbol{h}(\boldsymbol{x}_k,\ k)+\boldsymbol{v}_k \tag{E.2}$$

式中：$\boldsymbol{x}_k\in\mathbb{R}^n$ 和 $\tilde{\boldsymbol{z}}_k\in\mathbb{R}^m$ 分别为 k 时刻的状态矢量和观测矢量；$\boldsymbol{f}(\cdot)$ 和 $\boldsymbol{h}(\cdot)$ 为已知的非线性函数；$\boldsymbol{G}_{k-1}$ 为过程噪声分布矩阵；$\boldsymbol{w}_{k-1}$ 和 $\boldsymbol{v}_k$ 分别为动态系统的过程噪声和观测噪声，它们均为零均值高斯白噪声，且协方差阵分别为 $\boldsymbol{Q}_{k-1}$ 和 $\boldsymbol{R}_k$。

基于三阶容积法则，CKF 利用 $2n$ 个容积点加权求和来近似计算函数 $\boldsymbol{f}(\boldsymbol{x})$ 的多维积分：

$$\int_{\mathbb{R}^n}\boldsymbol{f}(\boldsymbol{x})\mathcal{N}(\boldsymbol{x};\ \boldsymbol{\mu},\ \Sigma)\,\mathrm{d}x\approx\frac{1}{2n}\sum_{i=1}^{2n}\boldsymbol{f}\left(\boldsymbol{\mu}+\sqrt{\Sigma}\xi_i\right) \tag{E.3}$$

式中：$\sqrt{\Sigma}$ 为协方差阵 Σ 的平方根，满足 $\Sigma=\sqrt{\Sigma}\sqrt{\Sigma}^{\mathrm{T}}$。容积点集 ξ_i 具有如下形式：

$$\xi_i=\begin{cases}\sqrt{n}\boldsymbol{e}_i, & i=1,\ 2,\ \cdots,\ n\\ -\sqrt{n}\boldsymbol{e}_{i-n} & i=n+1,\ n+2,\ \cdots,\ 2n\end{cases} \tag{E.4}$$

式中：$\boldsymbol{e}_i\in\mathbb{R}^n$ 为 $n\times n$ 单位阵的第 i 列。

整个算法流程如下：

(1) 初始化。

$$\hat{\boldsymbol{x}}_0=\mathrm{E}[\boldsymbol{x}_0],\qquad \boldsymbol{P}_0=\mathrm{E}[(\boldsymbol{x}_0-\hat{\boldsymbol{x}}_0)(\boldsymbol{x}_0-\hat{\boldsymbol{x}}_0)^{\mathrm{T}}] \tag{E.5}$$

(2) 时间更新方程。

① 计算容积点($i=1,\ 2,\ \cdots,\ 2n$)。

$$\boldsymbol{P}_{k-1|k-1}=\boldsymbol{S}_{k-1|k-1}\boldsymbol{S}_{k-1|k-1}^{\mathrm{T}} \tag{E.6}$$

$$\boldsymbol{X}_{k-1|k-1}(i)=\boldsymbol{S}_{k-1|k-1}\xi_i+\hat{\boldsymbol{x}}_{k-1|k-1} \tag{E.7}$$

② 容积点传播。

$$\boldsymbol{X}^{*}_{k|k-1}(i)=\boldsymbol{f}(\boldsymbol{X}_{k-1|k-1}(i)) \tag{E.8}$$

③ 计算预测均值和方差阵。

$$\hat{\boldsymbol{x}}_{k|k-1}=\frac{1}{2n}\sum_{i=1}^{2n}\boldsymbol{X}^{*}_{k|k-1}(i) \tag{E.9}$$

$$\boldsymbol{P}_{k|k-1}=\frac{1}{2n}\sum_{i=1}^{2n}\boldsymbol{X}^{*}_{k|k-1}(i)\boldsymbol{X}^{*\mathrm{T}}_{k|k-1}(i)-\hat{\boldsymbol{x}}_{k|k-1}\hat{\boldsymbol{x}}^{\mathrm{T}}_{k|k-1}+\boldsymbol{Q}_{k-1} \tag{E.10}$$

(3) 观测更新方程。

① 计算容积点($i=1$, 2, …, $2n$)。

$$\boldsymbol{P}_{k|k-1}=\boldsymbol{S}_{k|k-1}\boldsymbol{S}^{\mathrm{T}}_{k|k-1} \tag{E.11}$$

$$\boldsymbol{X}_{k|k-1}(i)=\boldsymbol{S}_{k|k-1}\xi_i+\hat{\boldsymbol{x}}_{k|k-1} \tag{E.12}$$

② 容积点传播。

$$\boldsymbol{Z}_{k|k-1}(i)=\boldsymbol{h}(\boldsymbol{X}_{k|k-1}(i)) \tag{E.13}$$

(4) 计算观测预测值、新息方差和协方差矩阵:

$$\hat{\boldsymbol{z}}_{k|k-1}=\frac{1}{2n}\sum_{i=1}^{2n}\boldsymbol{Z}_{k|k-1}(i) \tag{E.14}$$

$$\boldsymbol{P}_{zz,k|k-1}=\frac{1}{2n}\sum_{i=1}^{2n}\boldsymbol{Z}_{k|k-1}(i)\boldsymbol{Z}^{\mathrm{T}}_{k|k-1}(i)-\hat{\boldsymbol{z}}_{k|k-1}\hat{\boldsymbol{z}}^{\mathrm{T}}_{k|k-1}+\boldsymbol{R}_k \tag{E.15}$$

$$\boldsymbol{P}_{xz,k|k-1}=\frac{1}{2n}\sum_{i=1}^{2n}\boldsymbol{X}_{k|k-1}(i)\boldsymbol{Z}^{\mathrm{T}}_{k|k-1}(i)-\hat{\boldsymbol{x}}_{k|k-1}\hat{\boldsymbol{z}}^{\mathrm{T}}_{k|k-1} \tag{E.16}$$

(5) 观测更新:

$$\boldsymbol{K}_k=\boldsymbol{P}_{xz,k|k-1}\boldsymbol{P}^{-1}_{zz,k|k-1} \tag{E.17}$$

$$\hat{\boldsymbol{x}}_{k|k}=\hat{\boldsymbol{x}}_{k|k-1}+\boldsymbol{K}_k(\tilde{z}_k-\hat{\boldsymbol{z}}_{k|k-1}) \tag{E.18}$$

$$\boldsymbol{P}_{k|k}=\boldsymbol{P}_{k|k-1}-\boldsymbol{K}_k\boldsymbol{P}_{zz,k|k-1}\boldsymbol{K}^{\mathrm{T}}_k \tag{E.19}$$